C.H.BECK  WISSEN

in der Beck'schen Reihe

Bruno Streit

WAS IST BIODIVERSITÄT?

*Erforschung, Schutz und Wert
biologischer Vielfalt*

Verlag C. H. Beck

Inhalt

7 Vorwort

9 Biodiversität – Schlagwort und Zahlenwerk

17 Wer braucht biologische Vielfalt?

27 Frühe Jäger – frühe Farmer

40 Ausgerottete und bedrohte Arten

47 Bekannte und unbekannte Arten

59 Genetische Vielfalt

68 Artenvielfalt der Biosphäre und der Ökosysteme

78 *Hotspots* und Ökoregionen – bedrohte Schatzkammern

88 Globale Migrationen

96 Kulturbedingte biologische Vielfalt

103 Aktive Maßnahmen

113 Anmerkungen

119 Weiterführende Literatur

121 Namen- und Sachregister

für Sigrid

Vorwort

Umwelt- und Naturschutzdebatten waren längere Zeit nicht mehr an vorderer Front täglicher Medienmitteilungen und mussten sich der Priorität der Tagespolitik unterordnen. Mit der Erkenntnis, dass globale klimatische Veränderungen von erheblicher Dimension auf uns zukommen, ist die Sensitivität für ökologische Beziehungen aber wieder voll erwacht.

Der Mensch ist und bleibt in das gesamtökologische Geschehen der Erde eingebettet und ist von ihm abhängig. Dazu gehört auch zentral die natürliche biologische Vielfalt, die aus unterschiedlichen Gründen Bedrohungen und Veränderungen unterliegt. Aus Einsicht in diese fundamentale Bedeutung wurde von der Weltgemeinschaft schon 1992 in Rio de Janeiro die Biodiversitäts-Konvention unterzeichnet, und regelmäßig werden seitdem aktualisierte Maßnahmen diskutiert.

Das Funktionieren der Ökosysteme, die Nahrungsproduktion für die wachsende Erdbevölkerung, die stete Bereitstellung organischer Rohstoffe und auch der langfristige Erhalt naturnaher Umwelt mit biologischer Vielfalt sind die ökologischen, ökonomischen und gesellschaftlichen Voraussetzungen, ohne die unsere Entwicklung rasch ins Stocken gerät. Die Biodiversität ist das Produkt einer Evolution, in deren Netzwerk auch der Mensch trotz aller Technikfortschritte untrennbar integriert bleibt.

Biodiversität repräsentiert eine inhärente Eigenschaft von Leben. Leben ohne Vielfalt ist nicht möglich. Dies zu erläutern und den Wert der biologischen Vielfalt, den Stand der Forschung und die Bemühungen um Schutz aufzuzeigen, ist das Ziel dieses Büchleins.

Biodiversität –
Schlagwort und Zahlenwerk

Die Lebenserfahrung eines Menschen ist ein persönliches und zeitbezogenes Phänomen. Während seines Lebens laufen Umweltveränderungen ab, die er im Kindes- und Jugendalter nicht bemerkt, die aber mit zunehmendem Lebensalter rückblickend deutlicher erkennbar werden. Pflanzen, Tiere und Landschaften verändern sich in Anzahl, Häufigkeit oder Ausprägung. Im etwas längerfristigen Verlauf sterben auch Arten aus, in den letzten Jahrhunderten gar in größerer Zahl als zuvor. Andererseits kommen Arten und Formen lokal hinzu, entweder durch Einschleppung, durch Züchtungen oder – wesentlich langsamer und von uns meist nicht zu beobachten – durch natürliche Artbildung. Dieser fortwährende Veränderungsprozess liegt in der Eigenschaft der Natur, welche auf eingetretene Veränderungen selber mit Veränderungen reagiert.

Diese Veränderung ist mit dem kulturell-technischen Erfolg, den unsere Art *Homo sapiens* seit ihrem Auftreten verzeichnet, eng verbunden und teilweise eine notwendige Folge davon. Daher sind Umweltveränderung und Veränderung der natürlichen Artenvielfalt eine alte Kulturbegleiterscheinung und werden dies auch in Zukunft bleiben.

Wer vermisst den Auerochsen?

Wie anders die biologische Vielfalt noch vor einigen hundert Jahren empfunden wurde, können wir an der Darstellungsweise einer europäischen Naturlandschaft erkennen, die für unsere Vorfahren noch gefährlich und urgewaltig erschien. So schilderte Hartmann von Aue in seinem hochmittelalterlichen Epos «Iwein» (Vers 409–411):

Da kämpften grimmig
und mit greulichem Gebrüll
Wisente und Auerochsen.

Zur Zeit Hartmanns von Aue, um 1200, hatte dieser süddeut-
sche Dichter zumindest wohl vom Hörensagen noch eine Vorstellung vom Brüllen zweier mitteleuropäischer Wildrinder, die
aber damals schon selten geworden waren. Der Mensch hat
in Europa während mehreren zehntausend Jahren mit diesen
Tierarten gelebt. Sie sind inzwischen ebenso verschwunden wie
schon zuvor viele Arten, von denen aber auch Hartmann nichts
mehr wusste.

In der Mitte des 16. Jahrhunderts berichtete der Schweizer
Naturforscher Konrad Gesner, die besagten Auerochsen seien
«vor Zeiten in dem Schwarzwald gejagt worden, anjetzo werden sie in der Lithau, an der Landschafft Mazovia» gefangen.[1]
Das letzte Wildrind-Individuum ist zur Zeit des Dreißigjährigen
Krieges oder kurz danach verendet. Die heute in einzelnen Tierparks gezeigten sogenannten Auerochsen sind Hausrinder, die
derart «rückgezüchtet» sind, dass sie in der äußeren Erscheinung einigermaßen dem ursprünglichen Auerochsen ähneln,
wenngleich sie in der Größe etwas kümmerlicher bleiben.

Ähnlich ist es auch anderen Arten ergangen. In Nordamerika
zogen zur Zeit der Kolonisierung und während des Unabhängig-
keitskriegs regelmäßig riesige Schwärme von Tauben über die
östlichen Bundesstaaten. Sie bildeten nach damaligen Berichten
Schwärme von mehreren hundert Kilometern und einen Ge-
samtindividuenbestand, der im Milliardenbereich lag. Diese
Wandertaube[2] stellte im 18. und 19. Jahrhundert für die Amerikaner ein Grundnahrungsmittel dar (nicht unähnlich heutigem
Burger-Fastfood), das aufgrund der gewaltigen Reserven uner-
schöpflich schien. Es handelte sich um die vermutlich individuenreichste Vogelart der ganzen Erde! Die Vögel zeigten ein
ausgeprägtes soziales Brutverhalten, legten jeweils nur ein Ei ab
und waren auf die großen Buchen- und Eichenwälder angewiesen. Durch deren Rodung und vor allem durch das massenhafte
Abschießen kam es zur Störung ihrer spezialisierten Verhaltens-
weise. Bei anderem Verhalten und anderen Fluggewohnheiten

wäre vielleicht nicht das letzte Individuum gefunden worden. Doch die Population brach in der zweiten Hälfte des 19. Jahrhunderts jäh zusammen; der letzte Vogelschwarm wird aus dem Jahre 1896 vermeldet, als an einem einzigen Tag nahezu eine Viertelmillion Vögel geschossen wurden. Im Zoo von Cincinnati hat ein allerletztes Weibchen noch bis zum 1. September 1914 überlebt. Die einst individuenreichste Vogelart des Blauen Planeten ist und bleibt ausgestorben.

Ein abruptes Ende jagdbarer Tiere hat es in der langen Geschichte des *Homo sapiens* vielfach gegeben. Manchmal verläuft Aussterben auch langsam und unmerklich. Wird aber ein eingetretener Artenverlust nachträglich überhaupt als Verlust wahrgenommen? Menschen empfinden als Wert meist nur, was sie kennen oder aus der Kindheit gekannt haben. Was ihnen lediglich noch aus Erzählungen der Vorgenerationen bekannt ist, wird deutlich weniger stark oder überhaupt nicht als Verlust empfunden. Den Auerochsen in Europa oder die Wandertaube in Nordamerika würde bei einer Umfrage kaum jemand ernsthaft als vermisst ankreuzen, einige Zoologen vielleicht ausgenommen. Aber mit dem imposanten Urrind ist auch die genetische Ressource verschwunden, aus der die Vielzahl unserer Hausrindrassen entstanden ist, und mit der Wandertaube ein beeindruckendes Naturschauspiel des amerikanischen Kontinents. Die aus dem Urrind hervorgegangenen Hausrindrassen sind als Folge des globalen wirtschaftlichen Konkurrenzdrucks selber inzwischen zum großen Teil bedroht. Zusammenfassend heißt dies, die ursprüngliche Wildart ist verschwunden, ihre Genvielfalt erodiert und die früheren Natur-Ökosysteme sind in Kulturland übergeleitet. Die ökologische Funktion früherer Waldrinder wird nicht mehr ausgefüllt. Die Ökosysteme haben sich biologisch und funktionell verändert.

Ein Begriff erscheint

In den 1980er Jahren haben Wissenschaftler zunehmend intensiver darüber berichtet und debattiert, dass ein offensichtlich weltweites Artensterben eingesetzt habe. In seiner Größenordnung sei es den Katastrophen in der Erdgeschichte vergleichbar, als Kometeneinschläge, starker Vulkanismus, giftige Gase oder drastische Klimaänderungen verschiedentlich zu Massensterben geführt haben. Die bekannteste davon fand am Ende der Kreidezeit vor 65,5 Millionen Jahren statt, als sich infolge eines Meteoriteneinschlags vor der Yucatan-Halbinsel die Umweltbedingungen temporär drastisch verändert haben müssen. Innerhalb kurzer Zeit sind die Dinosaurier und andere Organismengruppen ausgestorben – allerdings, wie wir heute wissen, längst nicht alle oder nicht ausschließlich wegen dieses Meteoriteneinschlags. Neu beim derzeitigen Artensterben ist aber, dass eine einzelne biologische Art, der Mensch, unmittelbar oder mittelbar Ursache des drastischen Rückgangs ist.

Der Begriff *Diversity* war als Kennzeichnung der Vielfalt tierischer und pflanzlicher Baupläne[3] und Arten im Angelsächsischen schon längere Zeit im Gebrauch. Von *Biological Diversity* zur Kurzform *Biodiversity* war es also ein kurzer Schritt. Das Kunstwort ist wohl 1985 entstanden und das *American Natural Research Council* richtete 1986 ein «US National Forum on BioDiversity» ein. Allgemeiner bekannt wurde der Begriff durch das Erscheinen eines Buches von Edward O. Wilson mit dem Titel «Biodiversität» im Jahre 1988.[4] Der Begriff umschreibt seitdem die Lehre von der Erforschung biologischer Vielfalt und ihrer Bedrohung auf der Erde unter gleichzeitiger Berücksichtigung geeigneter Schutzmaßnahmen.

Die Ursachen für den derzeit starken Schwund an Biodiversität sind unterschiedlich. Man kann zwischen unmittelbaren Direktwirkungen, z. B. ungeregelter Jagd oder großflächigen Waldrodungen, und mittelbaren Gründen unterscheiden. Ein mittelbarer Grund ist mit Sicherheit der Anstieg der Erdbevölkerung mit dem gestiegenen Ressourcenbedarf, speziell dem höherem Bedarf an Flächen, Energie, Rohstoff und Nahrung sowie der Notwendigkeit vermehrter Verkehrswege und Siedlungsflächen.

Als unmittelbare Hauptursachen für den Rückgang der Biodiversität werden meist die folgenden betrachtet:
- Biotopzerstörung und -veränderung,
- unkontrollierte Bejagung und Befischung,

- chemische und physikalische Umweltbelastung,
- Verdrängung durch invasive Arten.

Örtlich kann eine dieser Ursachen jeweils vorherrschen. Häufig liegen allerdings Ursachenkombinationen vor, und manchmal ist auch der anthropogene Einfluss nur schwer vom nichtanthropogenen zu unterscheiden. So beobachtet man seit langem weltweit einen Rückgang der Amphibienbestände. Neben Ursachen wie Lebensraumzerstörung und Gewässerbelastung wirkt offenbar ein parasitischer Pilz mit, der inzwischen weltweite Verbreitung erlangt hat. Ob und wie seine Verbreitung mit menschlicher Aktivität zusammenhängt, ist derzeit unklar; denn die globale Erwärmung führt dazu, dass natürliche Verbreitungsareale Veränderungen erfahren, was wiederum für die Ausbreitung dieses Pilzes eine Rolle spielen kann. An der globalen Erwärmung ist aber der Mensch zumindest sehr stark beteiligt.

Nachdem die Aufmerksamkeit der Wissenschaftler und Naturschützer bezüglich Naturraumbedrohung lange Zeit primär tropischen Landökosystemen galt, sind mittlerweile auch die Meere, Inseln, wüstenartigen Gebiete und selbst die Arktis in den Fokus gerückt. Daneben wurden und werden die komplexen Wechselwirkungen zwischen Wirtschaft, Umwelt und menschlichem Handeln zunehmend klarer. Daher werden in der heutigen vernetzten Welt primär globale und einträchtige Lösungen gesucht.

Diese befriedigend durchzusetzen ist aber schwer: Die Spezies Mensch ist von Natur aus eine Art, deren Überleben in der Evolution dadurch gesichert wurde, dass sich ihre Individuen und Gruppen Vorteile verschafften und nach Möglichkeit die Gene, die solche Veranlagungen fördern können, durch erfolgreiche Fortpflanzung weitergaben. Diese biologische Trivialität hat zu vielfach egoistischem Verhalten geführt, so dass der eigene Vorteil zu Lasten anderer oder der Umwelt durchgesetzt wird. Dieses Verhalten war andererseits aber auch der Schlüssel für kulturelle Fortentwicklung. Ein mögliches Umsteuern würde in vieler Hinsicht ein Handeln wider die menschliche biologische Eigenart bedeuten. Lösungen, die den Erhalt der Biodiversität zum Ziel haben, werden also – wenn wir sie denn finden – komplexer Art sein müssen und einer fortwährenden Kraftanstrengung bedürfen.

Ein politisches Mandat entsteht

1992 wurde in Rio de Janeiro die Biodiversitäts-Konvention unterzeichnet.[5] Sie stellt ein internationales Vertragswerk dar, das bislang von 187 Staaten und der EU unterzeichnet worden ist. Die Unterzeichner haben sich verpflichtet, die natürliche Biodiversität zu erhalten, einen nachhaltigen Umgang mit ihr zu pflegen und die Erträgnisse aus den genetischen Ressourcen der Erde in fairer Weise zu teilen. Nachhaltig meint in diesem Zusammenhang, dass die gegenwärtige Generation ihre Bedürfnisse in einer Weise befriedigen soll, dass auch noch künftige Generationen ihre Bedürfnisse befriedigen können.[6] Schutz und Erhalt der biologischen Vielfalt und der damit zusammenhängenden politischen Ziele gelten seitdem neben dem Klimaschutz als zentrale Umweltaufgabe für das 21. Jahrhundert.

Unter Biodiversität wird in der Konvention verstanden:
- die Diversität innerhalb von Arten, d. h. die genetische Diversität,
- die Diversität der Arten, d. h. die Artenvielfalt der Ökosysteme, und
- die Diversität zwischen den Ökosystemen, d. h. die Vielfalt der ökologischen Systeme auf dem Festland und im Wasser.

Die Biodiversitäts-Konvention nennt Maßnahmen, die die Identifizierung und Überwachung der Biodiversität, ihre Erforschung und ihren Schutz umfassen sowie Bildung und Öffentlichkeitsarbeit beinhalten. Darunter fällt auch eine Regelung des Informationsaustausches und der Nutzung der genetischen Ressourcen in der Natur, ebenso der gerechten Verteilung von Nutzen und Profiten und der Finanzierung der Umsetzung der Konvention, die vorwiegend von den entwickelten und reicheren Staaten zu tragen ist.

Die Unterzeichner treffen sich inzwischen alle zwei Jahre im Rahmen einer *Conference of the Parties* und legen Rechenschaft darüber ab, wie weit sie auf dem Weg gekommen sind, den weltweiten Verlust an biologischer Vielfalt deutlich zu redu-zieren. Neuere Folgebeschlüsse betrafen ein Arbeitsprogramm zum Schutz der biologischen Vielfalt von Inseln, den Techno-logietransfer und eine globale Bildungsinitiative. Es wurde vereinbart, vorläufig weder die sogenannte Terminator-Tech-nologie (gentechnisch unfruchtbar gemachtes Saatgut, das da-durch vom Landwirt immer wieder neu gekauft werden muss) noch gentechnisch veränderte Bäume zu nutzen. Auf beiden Problemfeldern gibt es noch enorme Wissenslücken über die möglichen ökologischen, aber auch die ökonomischen und so-zialen Folgen.

Biodiversität ist damit ein äußerst facettenreiches und politi-sches Konzept geworden. Es beinhaltet die Faszination aufgrund neuer Erkenntnisse und den Ruf nach geeigneten Schutz- und Managementmaßnahmen. Es bietet Chancen zur Sicherstellung der Ernährung und Gesundheit sowie auch für neue Techno-logien, Wirtschaftswachstum und globale Zusammenarbeit.

Komplexes Zahlenmaterial

Diskussionen über Biodiversität haben viel mit Zahlen zu tun. Dies birgt wie bei jeglicher Statistik die Gefahr in sich, dass ver-einfacht wird und je nach Darstellung eine übertriebene oder eine verharmlosende Bedeutung suggeriert werden kann. Dis-kutierte Zahlen sollten daher neutral erläutert werden, was aber nicht einfach ist.

Wenn wir aus den Medien erfahren, dass derzeit über 16 000 Organismenarten weltweit als gefährdet betrachtet wer-den, klingt dies nach viel. Wenn wir die gleiche Zahl in Relation setzen zur Gesamtzahl aller beschriebenen Arten auf der Erde, die über zwei Millionen beträgt, so errechnen wir, dass offenbar weniger als ein Prozent der Fauna und Flora als gefährdet einge-stuft wird, was beruhigend klingt. Wenn wir gleichzeitig hören, dass die mögliche Gesamtzahl aller Arten auf der Erde um die zehn Millionen betragen könnte,[7] macht der rechnerische Be-drohungszustand gar nur ein bis zwei Promille der Gesamtartenzahl aus, was vernachlässigbar scheint, zumal der damit verbundene genetische Verlust vielleicht durch Bio- und Gentechnologie künftig mehr als wettgemacht werden könnte.

Die genannten Bedrohungswerte basieren aber auf lediglich gut 40 000 Arten, die speziell evaluiert wurden; die übrigen Arten sind nicht untersucht worden. Bezogen auf diese Anzahl sind die über 16 000 bedrohten Arten mit rund 40 Prozent sicher eine hohe Zahl. Nun kann man wieder einschränken, dass die 40 000 speziell untersuchten Spezies vor allem die populären und auffälligen Organismen umfassen, die auch einen großen Flächenbedarf haben (Säugetiere, Vögel, Libellen, viele Blütenpflanzen), und dass also aus dem Gesamtpool der Arten primär die ohnehin kritischsten in die Verrechnung einbezogen wurden. Die Werte basieren somit nicht auf einer zufälligen Stichprobe über das gesamte Organismenreich. Auf der Basis unterschiedlicher Argumentationen können also die gleichen Zahlen je nach Darlegung und Verständnis und auch je nach Wertschätzung, die man der Naturvielfalt entgegenbringt, und je nach Vertrauen, das man in die Technologie setzt, als eher besorgniserregend oder als eher verharmlosend wahrgenommen werden.

Auch der Vergleich heutiger Aussterbewerte mit vergangenen Zeiten lässt sich verschiedenartig führen. Tatsächlich sind durch den Menschen, wie wir noch sehen werden, bereits eine Vielzahl an bemerkenswerten Arten verschwunden – von den Mammuts und Mastodonten der Späteiszeit über die neuseeländischen Riesen-Moas bis zur vier Tonnen schweren Stellerschen Seekuh des Nordpazifiks. Seit Mitte des 20. Jahrhunderts sind ähnlich imposante und populäre Arten nicht mehr als ausgestorben gemeldet worden. Ein Grund zur Beruhigung kann dies aber nicht sein, denn der derzeitige Schutz ist nur durch größte finanzielle und engagierte Kraftanstrengung möglich geworden, umfasst oft nur noch kleine Bestände und bleibt fragil.

Wer braucht biologische Vielfalt?

Jeder lebende Organismus, ob Einzeller oder Baum, Vogel oder Mensch, ist Teil eines komplexen Geflechts von Wechselwirkungen. Jede Lebensäußerung einer Art hat auch eine Rückwirkung auf andere Arten. Der Eichelhäher, der die Samen der Arven in den Alpen frisst, beeinflusst durch die Verbreitung dieser Samen das Gedeihen der hochalpinen Arvenwälder. Ökologische Beziehungen sind allerdings häufig nicht starr, sondern mehr oder weniger flexibel. So ist die Nahrung vieler Arten bis zu einem gewissen Grad variabel, und es ist sogar möglich, dass sich längerfristig geänderte Präferenzen in der Evolution festigen und zur Norm werden. Um die Art und Weise zu verstehen, wie Arten angepasst sind und zueinander in Beziehung stehen, müssen die Prinzipien, nach denen Lebewesen funktionieren und reagieren, verstanden werden. Warum braucht Leben Vielfalt?

Vielfalt ist inhärente Eigenschaft des Lebens

Lebewesen enthalten Erbinformationen in Form ihrer DNA.[8] Diese Informationen sind in einen Mantel von Proteinen eingebettet und steuern die Lebensabläufe des Organismus. Sie kontrollieren nicht nur Formbildung und Stoffwechsel, sondern auch die Art der Reaktion auf Umweltreize. Allerdings sind nicht alle Eigenschaften und Reaktionen im Einzelnen auf Umweltwirkungen vorprogrammiert, sondern es ist lediglich das Prinzip der Reaktion, die sogenannte Reaktionsnorm, genetisch festgelegt. Es ist nicht jedes einzelne Haar in seiner Position auf unserer Kopfhaut durch je ein Gen bestimmt (das wäre mit unseren lediglich rund 27 000 Genen und den oft weit über 100 000 Haaren auch gar nicht möglich), sondern nur das allgemeine Muster des Haarwachstums und der Haarform ist erblich festgelegt. Entsprechend werden auch andere Eigenschaften und Verhaltensweisen des Organismus nur dem Prinzip nach gesteuert. «Angeboren» ist also lediglich das Wegspringen des Gnus vor dem angreifenden Löwen, nicht aber die Richtung, die es einschlägt und die es möglicherweise in die Fänge eines anderen Löwen treibt.

Individuen einer Art sind zudem nicht wirklich identisch. Identische Genausstattungen kommen nur in den seltenen Fällen der eineiigen Zwillinge oder Mehrlinge sowie bei asexueller Vermehrung vor, beispielsweise bei Stecklingen von Pflanzen. Ansonsten sind Geschwister von zwei Eltern genetisch recht verschieden, was viele von uns bei dem Vergleich mit den eigenen Geschwistern spontan bestätigen werden. Die Verschiedenheit ergibt sich daraus, dass unterschiedliche Ausprägungen der jeweiligen Gene (unterschiedliche Allele) im mütterlichen oder väterlichen Erbgut vorliegen können, die zu dieser Vielfalt an Formen und Eigenschaften bei den Nachkommen führen. Zusätzlich entscheidet ein verschiedenes Umfeld während der Entwicklung, etwa ob ältere oder jüngere oder keine Geschwister mit in der Familie aufwachsen oder auch wie die Ernährung zusammengesetzt ist, wie das spätere Verhalten oder die Körperkonstitution ausfällt. Die Individuen einer Art reagieren daher nicht alle identisch auf die Umwelt.

Lebewesen haben auch nur eine endliche Lebensdauer, was eine der Grundlagen der Evolution ist. Sie bringen eine Anzahl an genetisch unterschiedlich ausgestatteten Nachkommen zur Welt, von denen dann die bezüglich der jeweiligen Umwelt geeignetsten Individuen die größten Überlebenschancen haben und zunehmend verstärkt ihr Erbgut weitergeben. Man spricht in diesem Zusammenhang vom Überleben der Geeignetsten oder «Fittesten».

So muss es auch nach der ehemaligen Entstehung des irdischen Lebens vor rund drei bis vier Milliarden Jahren bald unterschiedliche genetische Typen oder Linien gegeben haben, die sich auseinanderentwickelten. Auch in den allereinfachsten Formen ist Leben stets nur in einer komplexen Wechselwirkung mit der belebten und unbelebten Umwelt vorstellbar. Lebewesen sind nur im Rahmen einer Lebensgemeinschaft langfristig existent und überlebensfähig, nicht als isolierte Arten. Sollten wir daher eines Tages zelluläres Leben auf einem fernen Planeten oder Asteroiden finden, würden wir auch mit Sicherheit nicht nur eine Art finden, sondern eine Lebensgemeinschaft, die zusammen mit ihrer unbelebten Umwelt ein Ökosystem bilden würde. Leben und biologische Vielfalt gehören also wesentlich zusammen.

Kulturen und Technologien basieren auf Biodiversität

Dass unsere Kultur und Zivilisation und alle Zivilisationen vor uns stark auf der biologischen Vielfalt aufbauen und mit ihr verbunden sind, ist eine derartige Selbstverständlichkeit, dass sie vielen nicht bewusst ist. Die Vielfältigkeit der belebten Natur war Grundlage für die Ernährung, Kleidung und Behausung des *Homo sapiens*. Eiszeitliche Vertreter dieser Art haben aus Mammutzähnen Hütten errichtet, aus geeigneten Sträuchern Pfeile gefertigt und mit Giftpflanzen Speerspitzen eingerieben. Tier- und Pflanzenteile lieferten Ornamente und Schmuck in Form von Schneckenschalen oder Bernstein (Bernstein ist Millionen von Jahren altes Baumharz). Mit dem späteren Übergang zur Sesshaftigkeit entstanden Viehherden und wurden Nutzpflanzen angebaut und züchterisch veredelt. Aus dörflichen wurden städtische und aus städtischen großstädtische Gemeinschaften. Parallel zum gewandelten Verhältnis zur Natur veränderten sich auch Tätigkeiten und Weltanschauungen.

Die moderne Zivilisation verbraucht mit Erdöl, Erdgas, Kohle, Holz, Torf und durch Pflanzen wie Zuckerrohr und Raps Materialien, die uns Energie liefern und dabei CO_2 freisetzen, welches entweder in jüngerer oder aber in längst zurückliegender Vergangenheit durch biologische Prozesse fixiert worden ist.[9] Sie verwendet aus der Natur Hölzer, Leder, Leinen und Papier. Und sie ernährt sich von Pflanzen- und Tierprodukten, die angebaut, gehalten oder in freier Natur gesammelt oder gefangen werden. Wir konsumieren Fleisch und Fische, Meerestiere und Algen, Gewürze und Pilze sowie Milchprodukte, Eier, Brot, Gemüse und Früchte, die direkt aus der Natur oder indirekt aus definierten Zuchtrassen tierischer oder angebauter pflanzlicher Organismen stammen. Auch viele Heilmittel entstammen der Natur.

Diese direkte Abhängigkeit des kulturellen Wohlstands und der technischen Entwicklung von Naturprodukten ist in weniger entwickelten und ökonomisch schwachen Regionen der Erde oft noch in basaler Form unmittelbares tägliches Erleben. Dort sind biologische Produkte aus Anbau, Zucht oder durch Sammeln häufig die Hauptquelle für Energie, Rohstoffe, Nahrungsmittel und Kapitalbildung. Nachhaltigkeit bezüglich Nutzung biologischer Vielfalt und bei der Bewirtschaftungsform befindet sich daher bei solchen Kulturen vielfach noch stärker als bei uns in Übereinstimmung mit der täglichen Lebenserfahrung.

Auch moderne Technologie, Patente und Produktionsbetriebe werden durch die biologische Vielfalt initiiert, wie uns die Bionik lehrt. Denken wir an den 1951 zum Patent angemeldeten Klettverschluss, der Anwendungen von Schuhen bis zu Babywindeln hat. Sein Prinzip ist das Ineinandergreifen kleiner Widerhäkchen, wie sie die Große Klette *(Arctium lappa)* zum Festheften ihrer Früchte im Fell umherstreifender Säugetiere ausnutzt. In den 1990er Jahren wurde der den Pflanzenblättern abgeschaute Lotus-Effekt zur Wasserabstoßung und selbsttätigen Reinigung von Oberflächen in marktfähige Produkte eingeführt. Seit der Olympiade 2002 kennen wir hautenge Schwimmanzüge aus einem der Schuppenrillen-Haut von Haien nachempfundenen Material. Durch Anwendung von hieraus abgeleiteten Ripletfolien kann auch der Luftwiderstand von Flugzeugen verringert und Treibstoff gespart werden. Diese technologischen Errungenschaften basieren alle auf vorgefundener Biodiversität. So wurde das Haifischschuppen-Vorbild nur bei bestimmten schnell schwimmenden Haien gefunden; es ist nicht bei jeder Haiart zu finden.

Ersetzt Technologie natürliche Vielfalt?

Können wir aus DNA-Resten biotechnisch ausgestorbene Arten wieder herstellen? Nach heutiger Kenntnis wird dies für komplexe Organismen kaum je oder nur in Ausnahmefällen möglich sein. Können wir Lebensmittel und Arzneimittel biotechnisch herstellen? Nach heutiger Kenntnis sagen wir: zu einem gewissen Teil ja, aber die Grenzen davon werden uns ständig vor Augen geführt. Hierzu einige Beispiele:

Arzneimittel und auch Mittel für die Materialproduktion wurden und werden vielfach aus bestimmten Organismen gewonnen, wobei die Abhängigkeit von der belebten Natur durchaus sukzessive zurückgegangen ist. Waren unsere Vorfahren in Antike und Mittelalter zum Färben etwa noch auf die Purpurschnecke (*Murex*-Arten aus dem Mittelmeer) angewiesen, aus der sich die gewünschte Farbe herstellen ließ, so lassen sich Farben heute auf Erdölbasis synthetisch herstellen.

Auch viele Wirkstoffe der Arzneimittel, die wie Salizylsäure in der Natur (in Weiden) vorkommen, werden heute für praktische Zwecke technisch produziert. Bei manchen pharmazeutischen Wirkstoffen ist dies aber schwierig: So liefert der Einjährige Beifuß *(Artemisia annua)* die Grundlage für ein Malaria-Mittel gegen den Erreger *Plasmodium*, an dem über eine Million Menschen, vornehmlich Kinder, pro Jahr sterben. Die wirksame chemische Verbindung heißt Artemisin und wirkt über eine Art Kastrationseffekt auf den Erreger. Sie hat eine sterisch komplexe (dreidimensionale) chemische Konfiguration, so dass es bislang unmöglich ist, sie technisch herzustellen. Sie kann nur aus lebenden Pflanzen der genannten Art gewonnen werden. Es ist zwar denkbar, dass eine biotechnologische Produktion zukünftig verfügbar sein wird, für die dann wohl gentechnisch modifizierte Mikroorganismen eingesetzt würden. Vorläufig sind wir aber auf das pflanzliche Original angewiesen. Und innerhalb der biologischen Vielfalt warten möglicherweise noch zahlreiche weitere medizinische oder technologische Vorbilder auf unsere Entdeckung.

Daneben verwenden viele Menschen aus unterschiedlichen

Beweggründen lieber originäre Heilpflanzenprodukte als technisch hergestellte Pharmaka. In Europa werden über 2000 Heilpflanzen kommerziell genutzt und gehandelt, wovon 1200 in Europa heimisch sind. Zwischen 30 000 und 40 000 Tonnen davon gehen in Europa auf Wildsammlungen zurück, also nicht auf Anbau. Deutschland nimmt im Übrigen weltweit den 4. Rang im Import von Wildpflanzen (oft als Rohmaterial) und auch im Export (der fertigen Produkte) ein.[10]

Gesellschaftlicher und gesundheitlicher Wert

Eine reichhaltige Umwelt und ein Aufenthalt in naturnaher Landschaft erhöhen auch heute das Naturerleben des Kindes und die Erholung im Erwachsenenalter. Auf dem Erleben der biologischen Vielfalt und der Naturprozesse bauen Erfahrungen und Erkenntnisse auf, die bei Menschen, denen dieser Erfahrungshintergrund fehlt, ausbleiben oder verkümmern. Das Beobachten in der Natur kann die Erfahrung bereichern, das Sammeln von Naturprodukten bringt Abwechslung in den Speiseplan oder dient der Dekoration. Ein Aufenthalt in der Natur kann erholend, erfrischend und heilsam für Körper und Psyche sein, die funktionell ohnehin eine Einheit bilden.

Vor hundert Jahren bestaunte man in der Freizeit exotische biologische Vielfalt in den zoologischen und botanischen Gärten. Heute unternehmen wir auch Fernreisen zum Erkennen fremder Naturvielfalt. Das Erleben von Landschaft und des Unbekannten ist ein Grundbedürfnis. Wo Natur noch ursprünglichen Charakter oder kulturell bedingte Vielfältigkeit zeigt, erlaubt auch die nähere Umgebung erholsame Stunden, Tage oder Wochen und ermöglicht Einblicke in vielfältige Zusammenhänge. Für denjenigen, der hieraus Gewinn zieht, hat die biologische Vielfalt zweifellos auch einen «Wert an sich», also eine Bedeutung für seine Lebensqualität und Gesundheit, für Ästhetik und Naturbewunderung.

Natürlich soll nicht verschwiegen werden, dass Natur und biologische Vielfalt längst nicht jedes Mitglied unserer Gesellschaft begeistern. Teilweise mag dies auf eine eher naturferne

Erziehung und Bildung zurückzuführen sein, teilweise ist es auch Kennzeichen unserer eigenen Spezies mit der innewohnenden biologischen und kulturellen Vielfalt, die die Entfaltung unterschiedlichster Neigungen und Bedürfnisse nach sich zieht.

Ökonomischer Wert und ökologischer Fußabdruck

Der gesellschaftliche Grund zur Erhaltung biologischer Vielfalt geht fließend in den ökonomischen über. Von dem Zeitpunkt an, ab dem Güter aus der Natur für die Menschen eine Art Tauschwert erlangt hatten, entwickelte sich ein ökonomisches System in der Gesellschaft. Allein durch Etablierung eines Marktes mit einem Tauschwert für die Produkte existierte es somit längst, bevor es Münzen oder Papiergeld gab. Grundlage war und ist die Vielfalt der biologischen und abiologischen Naturerzeugnisse. Heute in der Zeit der weltweiten Rohstoffmärkte, z. B. für Kaffeebohnen, hat dieser ökonomische Aspekt von Naturprodukten eine globale Dimension erreicht.

Die Beziehung zwischen Naturprodukten und der Ökonomie ist generell intensiv. Biologisch-ökologische Systeme und ökonomische Systeme funktionieren auch nach ähnlichen Spielregeln. So wie in einem wirtschaftlichen System Unternehmen oder Einzelpersonen als Anbieter und Kunden in Interaktion treten und die Anbieter unter sich in Konkurrenz stehen, so konsumieren im Ökosystem Individuen und Arten einander entlang der Nahrungskette und konkurrieren um Wettbewerbsvorteile. Im ökologischen System sind dies Wasser oder Nährsalze, Futter oder Nisthöhlen, die gleichsam in der Umwelt «angeboten» werden. Dieses Angebot kann von lebenden Organismen stammen (Höhlen im Baum) oder von der unbelebten Umwelt (Regen als Trinkwasser). Die Leichtigkeit oder Schwierigkeit, diese Ressourcen zu gewinnen, entsprechen in gewissem Sinne dem höheren oder niedrigeren Preis in den ökonomischen Systemen.

Die beiden komplexen Systeme der Ökologie und Ökonomie treten auf den nationalen und internationalen Märkten in Wechselwirkung. Dabei können die jeweils geltenden rechtlichen

Rahmenbedingungen und die Finanzströme recht direkt Biodiversität beeinflussen. Eine land- oder forstwirtschaftliche Maßnahme oder aber eine Ausweisung von Schutzgebieten kann
finanziell begünstigt oder benachteiligt und damit gesteuert
werden. Sucht der zahlende Tourist Naturregionen auf, dürften diese vermehrt gefördert und geschützt werden. Ist auf dem
Weltmarkt vermehrt Soja gefragt, werden an geeigneten Tro-
penstandorten naturnahe Ökosysteme mit hoher Biodiversität
in Soja-Monokulturen umgewandelt.

Aber nicht nur Staat und wirtschaftliche Kräfte nehmen Einfluss auf ökologische Gegebenheiten mit ihren Naturgütern,
sondern auch Bedürfnisse einzelner Gruppen können in den
Markt hineinwirken. Sie können – bewusst oder aber unbe-
wusst, gesteuert über Medien – das Markt- und Konsumverhal-
ten lenken und Produkte aus bestimmten Ländern fördern oder
im Absatz benachteiligen. Die Tatsache, dass manche Naturprodukte, wie Nashorn-Hörner, eine Vielzahl an begehrten
Waren herzustellen erlaubten, von fiebersenkenden Mitteln
bis zu kunstvoll geschnitzten Dolchen, hat den Bestand aller
Nashornarten ernsthaft bedroht, und nur durch restriktive Ge-
setzgebung und große Schutzanstrengungen sind einige Populationen auf stark ausgedünntem Bestandsniveau erhalten geblieben.

Den Flächen- und Ressourcenbedarf, den die Völker auf der
Erde benötigen, nennt man häufig ihren ökologischen Fußabdruck. Er ist für Nordamerikaner und auch Europäer recht
hoch, für die Einwohner vieler anderer Länder deutlich nied-
riger. Wie Sojaanbau und Nashornpopulationen lehren, kann er
komplexe Auswirkungen auch auf fernen Kontinenten haben.

Vielfalt als Kapital und Versicherung

Die natürliche biologische Vielfalt war schon immer eine wichtige Grundlage des Kapitals und ist es geblieben. Viele Naturprodukte wurden direkt gesammelt oder gewonnen, andere veredelt und dadurch mit einem Mehrwert versehen. So wurden
Weiden zu Körben und Knochen zu Nähnadeln; sie erzielten

im Tauschgeschäft einen höheren Marktwert als das jeweilige Rohmaterial. Auch Energieträger, Schmuckstücke und Waffen wurden Teil des wachsenden Wirtschaftsgeflechts. Kapitalbildung ist die Grundlage für wirtschaftliches Wachstum und Wohlergehen.

Was ist Kapital? In der Volkswirtschaftslehre meint es entweder ein Gut oder aber eine Geldsumme, welche beim Ausleihen einen Zinsertrag rechtfertigt oder beim Weggeben einem bestimmten Gegenwert entspricht. Das Gesamtkapital, das ein Mensch oder ein Volk besitzt, umfasst das Realkapital (Bargeld und Kapital auf der Bank), das Sachkapital (gebundenes Kapital in Häusern und Maschinen) und das Vorratskapital (Lagerbestände an Roh-, Halb- und Fertigwaren). Ebenso gehören die Naturressourcen, das Naturkapital, hierzu. Schließlich zählen zum Kapital die verfügbaren menschlichen Fähigkeiten, Kenntnisse und Verhaltensweisen, wenn diese eine Form von Einkommen verschaffen können; man spricht dann gelegentlich vom Humankapital.

Je größer die Kapitalbasis ist, umso größer kann der Wohlstand eines Volks werden. Im günstigen Fall liegen fossile oder mineralische Bodenschätze vor (z.B. Steinkohle, Erdöl, Kupfer) oder aber Kultur- oder Naturgüter (z.B. Pyramiden oder Strände), oder es existieren wertvolle biologische Güter (z.B. Holz, Nahrungsmittel, Viehherden, Fischgründe) oder auch spezialisiertes Humankapital in Form spezifischer Kenntnisse oder Fähigkeiten. Die beste Absicherung gegen Krisen, die in jedem Wirtschaftssystem auftreten können (ähnlich wie Instabilitäten in Ökosystemen), ist dann gegeben, wenn eine Mischung verschiedener Kapitalformen vorliegt. Vielfältigkeit ist sowohl in ökonomischen als auch ökologischen Systemen eine der besten Garantien für längerfristige Stabilisierungen gegenüber Störeinflüssen.

Viele der genannten Kapitalformen resultieren direkt oder indirekt aus der Nutzung heutiger Biodiversität. Da nach einer Grunderfahrung wertvolles Kapital nicht aufgebraucht werden sollte, ist auch der Vergleich mit einer Versicherung angebracht. Eine Versicherung ermöglicht die Abdeckung eines zumindest statistisch abschätzbaren Bedarfs an künftigen Mitteln. In diesem Sinne soll die biologische Ressource auch für nachfolgende Generationen Ertrag abwerfen können. Viele der bis in die jüngere Vergangenheit noch tierreichen Länder Afrikas sind biologisch so verarmt, dass sie nicht vom Devisen bringenden Tourismus profitieren können. Dieses Kapital ist also verspielt worden.

Sowohl Nutzpflanzenkulturen als auch Tierzuchtbetriebe basieren auf ehemals gezielt ausgelesenen Genressourcen der jeweiligen Arten. Diese sind durch Züchtung über viele Generationen an bestimmte Lokalitäten angepasst und auch zu Gunsten optimierter Eigenschaften unter Anbau- oder Stallbedingungen genetisch kanalisiert worden. Solche Wirtschaftszweige leben mit dem Risiko plötzlicher Produktionsausfälle bei unvorhersehbaren Ereignissen, beispielsweise neuartigen Krankheitserregern, wenn nicht eine genügende Breite an Genressourcen bereitgehalten wird.

Sind die früheren Gemeinschaften des Menschen langfristig wesentlich umsichtiger mit der Natur und ihrer Vielfalt umgegangen? In mancher Hinsicht lautet die Antwort wohl: Ja. Zu einem größeren Teil aber: Nein. Hiermit und mit der Schwierigkeit, ökologische Prozesse des Artensterbens zu analysieren, beschäftigt sich das folgende Kapitel.

Frühe Jäger – frühe Farmer

Das Bild vom edlen und in idealer Eintracht mit der Natur lebenden Wilden ist das Produkt einer verklärten Weltsicht, die im Zeitalter der Romantik geboren wurde. Sie beruhte auf Informationen und Schlussfolgerungen, die wir mit unserem heutigen Wissen anders interpretieren. Das Bild der Harmonie mit der Natur entspricht wohl einer menschlichen Ursehnsucht und wir kennen es meistens noch aus unserer Jugendliteratur oder aus manchen Filmen. Natürlich gibt oder gab es Zivilisationen, die sich, teils kärglich lebend, von dem ernährten und mit dem wirtschafteten, was ihnen die belebte Umwelt durch behutsame Jagd und durch friedliches Sammeln überließ. So ähnlich mögen die früheren San-Gemeinschaften (die Kalahari-Buschleute) im Grenzgebiet von Namibia und Botswana gelebt haben, bevor sie im Laufe des 20. Jahrhunderts zunehmend sesshaft wurden. Von dieser Kultur wurde auch berichtet, dass Aggression sowohl im Erwachsenen- als auch Kindesalter kaum bekannt sei, ebenso wie viele unserer Zivilisationskrankheiten, etwa Bluthochdruck. Auch von Südseevölkern und Nordlandvölkern, den Inuit (Eskimos) Nordamerikas und Grönlands und Samen (Lappen) Nordskandinaviens wurden ähnliche Bilder gezeichnet.

Bei vielen Völkern bestand der Alltag aber in häufigen Familien- und Stammes-Fehden, Gebietseroberungen, Unterjochungen, Hungersnöten oder Ausplünderungen der Natur oder der Nachbarvölker sowie in vielfach blutigen Riten. Alle historischen Kulturen gingen früher oder später unter, sei es als Folge innerer Zersetzung, ökologischer Veränderungen oder als Folge von Krieg, Auswanderung oder Überformung durch Nachbarkulturen. Ihre oft mühsam etablierten Produktions- und Wirtschaftssysteme gerieten durch die eigene Jagd, die gewählten Anbaumethoden, durch klimatische Veränderungen oder Kriege aus dem Gleichgewicht und mussten aufgegeben oder angepasst werden. Vielfach resultierten aus Krieg und Not neue Ausbeutungen der Naturvielfalt.

Friedliche Koexistenz zwischen menschlichen Kulturen und ihrer Umwelt ist also eher ein möglicher temporärer Zustand – meist aber nicht ein langfristig stabiler. Betrachten wir daher etwas ausführlicher und aus biologischer Sicht die Resultate der äußerst effizienten Jagden unserer Ahnen.

Weltweite Wanderungen

Lange hatten Zoologen und Paläontologen gerätselt, warum viele große und auffällige Tierarten, wie Höhlenbär oder Mammut, ausgerechnet gegen Ende der letzten Eiszeit, der Würmoder Weichseleiszeit, die vor etwa 11 500 Jahren zu Ende ging, verschwunden sind, als das Klima wieder milder wurde.[11] Wenn der Klimawechsel in irgendeiner Weise damit zu tun hatte, warum gab es dann ähnlich katastrophale Aussterbephasen nicht auch in den Schlussperioden der früheren Eiszeiten, etwa am Ende der Risseiszeit vor ca. 130 000 Jahren, als eine noch frostigere Eiszeitperiode zu Ende ging? Mit zunehmender Datengewinnung festigte sich die Erkenntnis, dass offenbar weltweit viele Arten von Säugetieren und auch Großvögeln in den letzten 50 000 Jahren verschwunden sind, und zwar meist nachdem der moderne Mensch *Homo sapiens* dort in Erscheinung trat.

Diese Menschenart ist vor 150 000 bis 200 000 Jahren aus Vorfahrenstufen entstanden. Nach derzeitigem Erkenntnisstand dürften sich in der Zeit um 80 000 bis 50 000 vor heute infolge von Auswanderungen einzelne Populationen von den Afrikanern, den schwarzen Bevölkerungen Zentralafrikas, abgespalten haben, die sich einerseits zu den Khoisan[12] des südlichen Afrikas entwickelten, andererseits zu den Nichtafrikanern. Diese Letzteren spalteten sich später und außerhalb des afrikanischen Kontinents als Folge weltweiter Auswanderungen mehrfach weiter auf, was zu den ethnischen Großgruppen geführt hat.

Im Nahen Osten und in Europa kamen die Auswanderer in zumindest lockeren Kontakt mit den Neandertaler-Menschen *(Homo neanderthalensis)*, die in bislang nicht ganz geklärter Verwandtschaftsbeziehung zu früheren Menschenarten stehen. In Asien trafen sie möglicherweise noch Nachfahren des *Homo erectus* an, der über viele Jahrhunderttausende als fortschritt-lichste Menschenart gelebt hatte. Wenn dem so ist, starben die nächsten Verwandten des heutigen Menschen also vor 12 000 bis 26 000 Jahren aus,[13] doch ist bislang kein direkter Verdrän-gungseinfluss durch *Homo sapiens* nachweisbar. Viele Weltan-schauungen und auch religiöse Vorstellungen und Rechtstexte wären heute wohl anders formuliert, wenn wir drei oder zwei Arten von Menschen auf der Erde hätten und nicht nur eine, nämlich die vermutlich aggressivste und eroberungsfreudigste, die die Exklusiv-Existenz unter den irdischen *Homo*-Arten er-langt hat.

In der Zeit um 55 000 bis 40 000 begannen Populationen bis nach Europa und über Landbrücken Südostasiens bis nach Aus-tralien zu ziehen. Und wohl ab dieser Zeit entwickelte *Homo sapiens* vergleichsweise effiziente und weit reichende Waffen für die Jagd, speziell Pfeil und Bogen.

Die Besiedler Australiens trafen auf eine exotische Vielfalt mit eigentümlichen und zum Teil imposanten Säugetieren, die Beuteltiere. Heute sind die Roten Riesenkängurus mit einer Körperhöhe bis zu 1,8 Meter die größten Beuteltiere. Damals besiedelten noch Kängurus von bis zu drei Meter Körper-größe Australien, und es weideten auch nashornähnliche Rie-senbeuteltiere der Gattung *Diprotodon*. Als Äquivalente un-serer Raubtiere lebten Beutellöwen der Gattung *Thylacoleo*. Ebenfalls begegneten die damaligen Menschen großen und auf-fälligen Vogelarten. Zahlreiche dieser Arten verschwanden in-nerhalb von etwa 10 000 bis 40 000 Jahren nach Ankunft des Menschen. Als wichtige Ursache wird die Bejagung durch das australische Volk, die heutigen Aborigenes, gesehen. Teilweise geht der Artenrückgang vermutlich auch auf Veränderung der Lebensräume zurück, denn häufige Brände dürften den lokalen Pflanzenwuchs beeinflusst haben, wobei unklar ist, wieweit die

Menschen am Brandgeschehen ursächlich beteiligt waren. Die dadurch veränderte Vegetation hat vermutlich das Klima beeinflusst und mehr Trockenheit gebracht. Eine zusätzliche, allerdings erst später einsetzende Bedrohung für die australische Tierwelt war der vor vielleicht 4000 Jahren eingeschleppte Dingo, eine noch halbwilde ursprüngliche Hunderasse.

Auch der nordamerikanische Kontinent, den *Homo sapiens* zum ersten Mal zwischen 13 000 und 30 000 vor heute über die damals trockengefallene Beringstraße besiedelt hat, muss auf ihn wie ein irdisches Paradies mit schier unendlichen Nahrungs- und tierischen Rohstoffreserven gewirkt haben, während in Eurasien zu dieser Zeit einige Bestände bereits massiv zurückgegangen sein dürften. Nordamerika beherbergte noch imposantere Arten als Australien, nämlich Nashörner, Mammuts und Mastodonten (eine heute ausgestorbene Familie der Rüsseltiere). Unter den Raubtieren gab es die Säbelzahnkatzen, die in Nordamerika vor ca. 13 000 Jahren ausstarben, während dies in Europa bereits vor rund 40 000 Jahren geschehen zu sein scheint.

Wie Knochenfunde nahelegen, wurden viele der frühen amerikanischen Jagdtiere durch Treibjagden gehetzt und zusammengetrieben sowie über Abgründe oder in Sümpfe gejagt. Jagden fanden außer in Nord- auch in Mittel- und Südamerika statt. In Südamerika fielen wohl Riesenfaultiere (*Megatherium*, verschwunden vor ca. 10 000 Jahren), Riesengürteltiere und auch große und flugunfähige Vogelarten der Jagd zum Opfer. Auf den Antillen, speziell auf Kuba, Jamaika und Hispaniola,[14] verschwanden erst vor wenigen tausend Jahren und offensichtlich ebenfalls erst nach der Ankunft der indianischen Urbevölkerung die letzten Antillenaffen (Gattungen *Xenothrix*, *Paralouatta* und *Antillothrix*), die eine eigene Verwandtschaftsgruppe der Neuweltaffen darstellten. Der Kuba-Affe, der vielleicht bis vor 5000 Jahren gelebt hatte, erreichte ein Gewicht von zwölf Kilogramm. Heute gibt es keinerlei Affen mehr auf den Antillen.

Im Großkontinent Eurasien verschwanden spätestens mit dem Ende der Eiszeit das Wollnashorn *(Coelodonta antiquatis)*, das Waldnashorn *(Dicerorhinus kirchbergensis)*, das Woll-

haarmammut *(Mammuthus primigenius)*, der Eurasische Waldelefant *(Elephas namadicus)* und der Riesenhirsch *(Megaloceros
giganteus)*. Wir kennen die Tierarten zum großen Teil aus prä-
historischen südeuropäischen Felsmalereien, die rund 12 000
bis 36 000 Jahre alt sind. Der häufig dargestellte Riesenhirsch
starb regional unterschiedlich vor rund 8000 bis 10 000 Jahren aus. Weitere verschwundene Arten sind der Steppenwisent
(Bison priscus), der Höhlenbär *(Ursus spelaeus)* und der Höhlenlöwe *(Panthera spelaeus)*. Die allerletzten Mammuts haben
wohl in einer verzwergten Form noch bis vor 3700 Jahren in
einem kleinen Gebiet Nordostsibiriens überlebt. Ebenfalls noch
lange und fast bis in die Frühgeschichte Europas gelebt haben
die letzten Exemplare des europäischen Zwergelefanten (Gattung *Palaeoloxodon*[15]), der bis etwa 2000 v. Chr. noch auf der
griechischen Insel Delos anzutreffen war. Der Höhlenlöwe war
größer als der Afrikanische Löwe und wurde in den Höhlen-
zeichnungen nie mit einer Mähne gezeichnet, so dass wir annehmen, dass er auch keine Mähne besaß. Er dürfte Wildpferde
und Paarhufer gejagt haben, so wie seine afrikanischen Verwandten noch heute Zebras und Gnus. Er verschwand weitgehend vor rund 10 000 Jahren; im Mediterrangebiet hat er vermutlich noch längere Zeit gelebt.[16]

Overkill?

Das Ausmaß des frühen Artenschwunds ab ungefähr 50 000 bis
zum Beginn der modernen Kolonisation um 1500 n. Chr. war
enorm und in seiner Auswirkung einmalig in der Erdgeschichte.
Analysen ergaben, dass mit Ausnahme von Afrika und Südasien
in dieser Zeit offensichtlich alle Tiere mit einem Gewicht im Erwachsenenalter über 1000 Kilogramm ausstarben, ferner über
70 Prozent aller Arten mit einem Gewicht zwischen 100 und
1000 Kilogramm. Dies ergibt für Säugetiere und Vögel eine weitaus höhere Aussterberate als in früheren Erdperioden. Die zeit-
liche Koinzidenz zwischen dem Auftreten des *Homo sapiens* auf
Kontinenten und Inseln und dem Verschwinden dieser Megafauna ist schlicht frappierend.[17] In der ganzen Erdgeschichte

sind keine Artensterbeereignisse bekannt geworden, die überwiegend große und flugunfähige Landtiere betroffen haben. Das Aussterben einzelner Arten oder Gruppen war in der Vergangenheit auch meist parallel mit der Ablösung durch eine andere Art oder Gruppe verbunden. In unserem Falle lösten aber nur der Mensch und seine späteren Haus- und Nutztiere die verschwundenen Arten ab.

Homo sapiens hatte seine soziale Organisationsfähigkeit, seine technischen Fertigkeiten und seine Jagdstrategie dem jeweiligen Stand der Technik entsprechend optimiert, die früh auch Fernwaffenentwicklungen einschloss. Die Kombination von weit fliegenden Speeren, Pfeil und Bogen sowie Fallenstellen und koordiniertem Gruppenjagen hatten etwas möglich gemacht, das bislang keiner anderen Menschenart in dieser Vollkommenheit gelungen war. Skelettansammlungen nordamerikanischer Mastodonten in Schluchten oder Sümpfen und Waffenreste der damaligen Clovis-Indianerkultur aus derselben Zeit illustrieren in fast apokalyptisch anmutender Weise die erreichten Fähigkeiten.

Außer den Pflanzen fressenden Herdentieren, die wohl in erster Linie dem Nahrungs- und dem Rohstofferwerb der Menschen dienten, sind auch Raubtiere verschwunden. Ihre Populationen sind wohl weniger gejagt worden, könnten aber infolge des zunehmenden Beutetiermangels in Kombination mit einer sich auch anderweitig verändernden Umwelt zusammengebrochen sein. Denn als die Weidegänger – Rüsseltiere, Nashörner und Riesenhirsche – verschwanden, muss das erhebliche Auswirkungen auf die Struktur und Funktion der Ökosysteme, einschließlich des Pflanzenwuchses und der Wasserhaushalte, gehabt haben. Zusammen mit den Großsäugern sind auch mehrere Vogelarten verschwunden, die von den Veränderungen direkt betroffen gewesen sein müssen.[18] Aus Sicht und in der Terminologie des heutigen Natur- und Artenschutzes würde man die damals verschwundenen großen Weidegänger als Schlüssel- und Schirmarten bezeichnen, deren ökologische Funktion für viele andere Arten und das ganze Ökosystem von grundsätzlicher Bedeutung waren.

Sicher hat der Mensch am Ende der Eiszeit nicht in jedem Einzelfall aktive Ausrottungen bis hin zum letzten Exemplar betrieben. Möglicherweise hat er aber Schlüsselarten gejagt und bedrängt, und zwar in einer Zeit, die ohnehin kritisch für das Überleben der Populationen war. Die Veränderungen im Klima, in der Vegetation und durch das Ausfallen wichtiger Nahrungskettenglieder können zum Zusammenbruch vieler Arten erheblich beigetragen haben. Einige Populationen mögen auch nach Unterschreiten einer kritischen Größe aus sich heraus erloschen sein, analog dem späteren Schicksal der Wandertaube, und manche haben nach dem Ende der Eiszeit noch längere Zeit isoliert überlebt. Ohne das Auftreten des *Homo sapiens* hätte sich vermutlich die große Mehrzahl der betreffenden Arten über diese ökologisch labile Zeit gerettet und würde noch existieren.[19]

Die Overkill-Erklärung ist vielfach diskutiert worden. Kritiker führten als Gegenargument etwa die weitgehende Verschonung der Wildtiere Afrikas an, wo solche auffälligen Massensterben von Beutetieren nicht bekannt geworden (wenngleich in Afrika auch Arten ausgestorben sind). Dort scheint sich tatsächlich eine Art Gleichgewicht zwischen den frühen jagenden Menschenarten und den gejagten Beutetieren ausgebildet zu haben. Ferner scheinen sich die effizienten Jagdverfahren primär außerhalb Afrikas in den damals infolge der Eiszeit unwirtlichen Regionen entwickelt zu haben. Andere führten als Gegenargument an, dass für viele Arten kein Hinweis auf eine starke Bejagung vorliege oder dass keine statistische Übereinstimmung zwischen den Populationsstärken der Tiere und dem Auftreten und Wirken der Menschen gefunden werde. Die Fossillage ist nun aber vielfach sehr dürftig, und ein Negativbefund ist kein Gegenbeweis gegen den möglichen Einfluss des Menschen. Wieder andere fragen, warum denn Bison, Elch und Wapiti überlebt haben, eine Frage, die man in der Tat nicht beantworten kann. Schließlich hat man die relativ kurze Überlappungsphase zwischen der Ankunft der Menschen und dem Aussterben der Megafauna ins Feld geführt, die nicht für eine Ausrottung ausgereicht haben könne. Gerade hierzu sind in den letzten Jahren jedoch verschiedene Hinweise gefunden, die nahelegen, dass einige Megafauna-Arten länger lebten als bislang angenommen und dass der Mensch vielleicht auch früher, als man bislang meinte, die entsprechenden Areale (z. B. Nord- und Südamerika) besiedelt haben könnte.

Damalige Menschen waren biologisch nicht grundsätzlich von heutigen Menschen und deren mentalen Kapazitäten unterschieden, im Gegenteil: Unsere heutigen Verhaltensweisen interpretieren wir eher teilweise als Reminiszenzen an das Verhaltensinventar unserer steinzeitlichen Vorfahren. *Homo sapiens* hat nun einmal geistige und kooperative Fähigkeiten auf höchstem Niveau und neigt dank seiner Omnivorie zu opportunistischem Nahrungserwerb. Die Overkill-Phänomene traten auch nicht nur in den nördlichen und gemäßigten Gebieten auf, sondern auch in Australien und Südamerika und später auch auf Neuseeland und Madagaskar.

Dass Unsicherheiten im Einzelfall bleiben, sei ausdrücklich festgehalten. So könnte der Riesenhirsch in Irland völlig ohne den Einfluss des Menschen am Ende der Eiszeit verschwunden sein, während Populationen auf dem Festland unter Jagddruck gelitten haben mögen. Unklar bleiben auch die Bedeutung möglicher Krankheitserreger und deren Wirkung auf bereits geschwächte Populationen. Solche Erreger müssen nicht durch den Menschen, sie können auch durch die damals stark wandernden Tierherden eingeschleppt worden sein. Wie großräumig diese waren, lässt sich daran ersehen, dass z. B. die amerikanischen Elche erst vor 11 000 bis 14 000 Jahren aus Eurasien über die Beringstraße eingewandert sind, ähnlich und etwa zeitgleich wie viele Menschenpopulationen.[20]

Die Menschen waren Nomaden und zogen wohl den Tierherden nach. Sesshaft waren sie nur temporär durch den Bau einfacher Unterkünfte unter Felsvorsprüngen oder in zeltähnlichen Behausungen oder einfachsten Hütten. Als die Jagdbeuten geringer wurden, wuchs offensichtlich der Druck, durch domestizierte Pflanzen und Tiere die Ernährung und Rohstoffversorgung zu sichern. Dies führte in Wellen zu einer zunehmenden Sesshaftigkeit von immer mehr Menschenpopulationen.

Jagdtrieb in späterer Zeit

Auch nach dem Übergang zur Land- und Viehwirtschaft in weiten Teilen Europas, Asiens, Amerikas und Afrikas wurden in
manchen Erdregionen Arten ausgelöscht. So gelangten ungefähr
zur Zeit der römischen Kaiser am anderen Ende der Welt Gruppen malaiisch-indonesischer Kolonisatoren auf Booten dank
einer genialen Orientierungsgabe zu immer ferneren Inseln im
Pazifik und führten auch gewisse Haustiere und Nutzpflanzen
mit. Auf den neu entdeckten Inseln fanden sie aber häufig auch
wieder leichte Jagdbeute, etwa in Form flugunfähiger großer
Vögel, und es begann eine Zeit der Ausbeutung dieser Insel-
ressourcen. Dabei lässt sich die unmittelbare Wirkung der Menschen selber im Vergleich zu der ihrer eingeschleppten Begleitfauna (Hunde, Ratten) oft nicht mehr auseinanderhalten.
Parallel dazu setzten vielfach Entwaldungen ein.

Auf das Konto der damaligen Kolonisatoren Neuseelands,
der Maori, geht das Verschwinden aller ca. 15 Arten von Moas,
flugunfähiger und teilweise sehr großer Vögel. Bis etwa zum
Jahr 1500 dürften die meisten Arten verschwunden gewesen
sein, die allerletzten Einzelexemplare vielleicht auch erst um
1800 kurz vor Ankunft der weißen Siedler. Auf Madagaskar,
wohin dieses südostasiatische Volk durch seine Seefahrten ebenfalls gelangte, rotteten sie mit dem Elefantenvogel die größte
Vogelart aus, die Menschen je zu Gesicht bekommen haben;
das letzte Exemplar dürfte vor rund 500 Jahren verschwunden
sein. Dabei war vielleicht nicht direkte Jagd die Ursache (darauf
finden sich keine Hinweise), sondern Eierraub durch Menschen
oder Tiere oder auch Landschaftsveränderung. Elefantenvögel
gehörten wie die Moas zu den straußenartigen Vögeln, die ehemals auf der ganzen Südhalbkugel verbreitet waren. Der Strauß
war bis zum Hochmittelalter höchstens die drittgrößte, wahrscheinlich sogar eher fünft- oder sechstgrößte irdische Vogelart;
inzwischen ist er die größte.

Den auf Madagaskar anlandenden Besiedlern fielen auch die
damals dort lebenden Flusspferdverwandten sowie Riesenlemuren zum Opfer. Letztere waren Verwandte der heutigen

Lemuren,[21] die als kleinere Arten überlebt haben. Die verschwundenen Arten erreichten zwischen 40 und 200 Kilogramm Gewicht, d. h. bis zur Größe eines großen Silberrückengorillas. Die imposanteste Art hieß *Archaeoindris fontoynonti*.[22]

Auf den Inseln der Antillen sind viele Säugetierarten erst nach Ankunft der Weißen ab etwa 1550 n. Chr. verschwunden. Dazu gehörten auf Hispaniola und Kuba Verwandte der südamerikanischen Riesenfaultiere, die dort etwas kleinere Formen ausgebildet hatten. Auf etlichen Inseln sind weitere Säugetierarten ausgerottet worden. Teilweise geschah dies erst im 18. und 19. Jahrhundert und steht möglicherweise sogar in Zusammenhang mit der Sklavenbefreiung. Diese machte aus ursprünglich abhängigen plötzlich unabhängige Menschen, die jedoch ohne wirtschaftliche Grundlage waren. So mussten sie ihre Nahrung in der Wildnis ihrer begrenzten Inseln erjagen, wie es z. B. von der französischen Antilleninsel Guadeloupe berichtet wird.

Dass ein besonders intensives Jagen und Totschießen begann, als europäische Siedler mit Schusswaffen Nordamerika und andere Kontinente als Jagdgebiet zu verstehen begannen, soll abschließend erwähnt werden. Durch Kolonisation und Jagdfieber, durch Aussetzen ortsfremder Tiere und Verproviantierung von Seefahrern sind neben vielen anderen ausgestorben:

- um 1690 die Dronte *(Raphus cucullatus)*, eine etwa einen Meter große flugunfähige Großtaube auf Mauritius,
- um 1760 der Rodrigues-Solitär *(Pezophaps solitaria)*, eine etwa 90 Zentimeter große flugunfähige Großtaube auf der Insel Rodrigues im Indischen Ozean, die entfernt an einen Truthahn erinnerte,
- 1768 die Stellersche Seekuh *(Hydrodamalis gigas)*, eine bis acht Meter lange Seekuh im Nordpazifik,
- um 1800 der Blaubock *(Hippotragus leucophaeus)*, ein Vertreter der Rappenantilopen in Südafrika,
- um 1830 die Riesenschildkröte *Dipsochelys daudinii* auf den Seychellen,
- 1844 der Riesenalk *(Pinguinus impennis)*, ein etwa 75 Zentimeter großer flugunfähiger Vogel auf Inseln bei Island.

Anbau, Domestizierung und Landschaftswandel

Während seiner langen Ausbreitungsphase aus Afrika hinaus in die anderen Kontinente hat der frühe jagende *Homo sapiens* vielleicht schon Pflanzensamen und Kleintiere passiv mitgeführt; hierüber ist aber wenig bekannt. Grundsätzlich aber änderte sich die Umwelt, nachdem Viehherden und allmählich Landwirtschaft üblich wurden. Wurzeln, Getreide, Obst, Nüsse sowie Gewürz- und Heilpflanzen wurden teils gesammelt, teils angebaut. Schafe, Ziegen und Rinder wurden züchterisch geformt. Domestizierte Formen kreuzten sich in dieser frühen Zeit noch mit wildwachsenden bzw. wildlebenden Verwandten, oder es wurde auch gezielt eingekreuzt. Die Landschaft wurde zunehmend stärker in eine Kulturlandschaft umgewandelt, wenngleich noch lange Zeit große Flächen unbewirtschaftet blieben, bei uns etwa die höheren Berglagen, die ausgedehnten Moore und Sumpfgebiete und auch die überschwemmungsgefährdeten Flussniederungen. Durch den Handel mit fremden Kulturen sind Tiere und Pflanzen, aber auch Unkräuter, Vorratsschädlinge und Mikroorganismen weit über das ursprüngliche Kultivierungsgebiet hinaus verbreitet worden.

Auch frei lebende Tiere und Pflanzen, die bislang in steppenähnlichen Regionen gelebt hatten, wie die Hausmaus *(Mus musculus)*, folgten den nun offeneren agrarischen und Weideflächen. Die Hausmaus kam wohl aus asiatischen Gebieten um 4000 bis 6000 v. Chr. nach Osteuropa, um 2000 v. Chr. nach Südeuropa und zur Zeit der Kelten (um 500 v. Chr. bis zur Zeitenwende) nach Mitteleuropa. Andere Tiere, die damals durch Einwanderung und durch Kulturaustausch hierherkamen, waren die Hausratte *(Rattus rattus)*, der Fasan *(Phasianus colchicus)* oder auch das Heimchen (eine Grille, *Achaeta domestica)*. Von den Pflanzen gehörten zu den Neuankömmlingen der Klatschmohn *(Papaver rhoeas)*, der Breitwegerich *(Plantago major)* und die Esskastanie *(Castanea sativa)*. Die Esskastanie ist eine ehemals wichtige Nahrungsquelle, die wohl die Römer, vielleicht aber auch erst mittelalterliche Mönche nach Mitteleuropa gebracht haben. Ähnliches gilt für den in

Mitteleuropa ehemals nicht vorkommenden Karpfen *(Cyprinus carpio)*.

Von einigen Pflanzen- und Tierarten kennen wir nur noch die Zuchtform, nicht mehr die wilde Stammform. Hierzu gehört der Knoblauch *(Allium sativum)*, dessen Wildform als ausgestorben gilt. Unter den Nutztieren ist das in Nordafrika und auf der arabischen Halbinsel verbreitete Dromedar (das einhöckrige Kamel) zu nennen, das nur in domestizierter Form bekannt ist. Es ist unklar, ob es überhaupt jemals wild vorkam oder eine Variante des zweihöckrigen asiatischen Trampeltiers *(Camelus bactrianus)* ist.

Beim Trampeltier haben freigelassene Zuchtformen zu Vermischungen mit Wildformen geführt, wodurch sich das Verhalten der Tiere verändert haben könnte. Solche genetischen Austauschvorgänge vermutet man auch bei Rindern und Pferden: Das ursprünglich im Vorderen Orient gezüchtete Hausrind dürfte sich bei seiner Einführung in Europa mit wilden europäischen Auerochsen eingelassen haben. Nicht mehr feststellen lässt sich, ob dies durch den Menschen gezielt gefördert wurde oder ob es zu zufälligen Paarungen der damals wohl häufig halbwild weidenden Herden mit den europäischen Artgenossen kam. Bei der Dülmener Pferderasse, von der etwa 440 Tiere vor allem im Meerfelder Bruch (Westfalen) leben, geht man davon aus, dass sie aus Kreuzungen von entlaufenen Hauspferden mit Wildpferden entstanden ist.

Nicht zu unterschätzen ist die starke Landschaftsveränderung auch in Übersee; Inseln waren in dieser Hinsicht besonders empfindlich. So verringerte sich der Waldanteil auf der Neuseeland-Südinsel lange vor Ankunft der weißen Siedler drastisch. Auf den heute weitgehend baumlosen Osterinseln ist durch die bis ins 18. Jahrhundert andauernde starke Holznutzung (vielleicht auch zum Transportieren der berühmten Riesenstatuen) der gelb blühende Toromiro-Baum *(Sophora toromiro)* verschwunden. Das letzte natürlich vorkommende Exemplar verschwand im 20. Jahrhundert. Aus geretteten Samen konnte die Art inzwischen in Gärten regeneriert und auf der Osterinsel ausgewildert werden.[23]

Eine verschwundene Welt

Stellen wir uns einen Moment lang vor, wie andersartig Tierparks heute auf uns wirken würden, wären die Massenextinktionen der letzten 50 000 Jahre nicht erfolgt: Strauße würden bescheiden neben den bis zu drei Meter großen Moas und Elefantenvögeln wirken, denen das Hauptaugenmerk der ergriffenen Besucher ebenso gelten würde wie den bis zu drei Meter großen Kängurus. Mammut und Mastodonten kämen urtümlicher daher als Afrikanischer und Asiatischer Elefant. Höhlenbär und Säbelzahnkatzen könnten im Schauwert dem Braunbär und Tiger den Rang ablaufen. Das Wollnashorn ließe sich mit dem nashornartigen Riesenbeuteltier als Analogieformen der Evolution vergleichen, ebenso die Riesenlemuren mit den Menschenaffen. Die monsterhaften Riesenfaultiere wären nicht nur für Kinder eine weitere Attraktion. Kurz: Zoos wären heute anders bestückt.

Und erlebnisreiche Safaris könnten in Europa, Asien und den beiden Amerikas ebenso spektakulär angeboten werden wie heute noch in der Serengeti oder dem Krüger-Nationalpark.

Ausgerottete und bedrohte Arten

Arten sterben aus, andere entstehen neu. Ist es denkbar, dass der Zahl nach die aussterbenden Arten durch neu entstehende wettgemacht werden? Biologische Erkenntnisse sprechen dagegen. Alle verfügbaren Daten besagen, dass die Aussterberate von Arten auf der Erde heute ein Vielfaches der Neuentstehungsrate beträgt, selbst dann, wenn wir die seltenen Fälle, in denen durch unsere Aktivitäten neue Arten entstehen – wie das in einem späteren Kapitel diskutierte Schlickgras –, positiv mitzählen würden. Der Abwärtstrend ist ein Faktum.

Was sind Arten?

Häufig benutzte Begriffe werden nicht hinterfragt. Das gilt auch für den Artbegriff. Gegenwärtig werden von Biologen mindestens ein Dutzend verschiedene Konzepte diskutiert, was unter einer Art zu verstehen sei und welche Merkmale entscheidend seien. Das in der zweiten Hälfte des 20. Jahrhunderts unter Biologen populärste Konzept geht auf den deutschamerikanischen Biologen Ernst Mayr zurück, der 1942 das sogenannte «biologische Artkonzept» formuliert hat. Danach zeichnet sich eine Art dadurch aus, dass sich alle ihre Individuen potenziell fruchtbar untereinander kreuzen können, während sie gegenüber anderen Arten diesbezüglich isoliert sind. Doch abgesehen davon, dass die Forderung dieses Artkonzepts in der Praxis meist unmöglich zu überprüfen und bei toten Formen überhaupt nicht anwendbar ist, hat sich auch gezeigt, dass die Grundannahme, nach der sich eine Art nicht mit einer anderen kreuzen darf, offensichtlich zahlreiche Ausnahmen hat.

Andere Definitionen zielen daher auf einen Konsens mit den zunehmenden molekulargenetischen Befunden ab; eine für alle Fälle geeignete Definition gibt es jedoch nicht. Vereinfacht lässt sich umschreiben, dass Lebewesen mit einer gemeinsamen evolutionären Geschichte zu Arten zusammengefasst werden sollen. Die entsprechenden Individuen sind dann untereinander näher verwandt als mit Individuen anderer solcher Gruppen. Dieses Konzept lässt sich vielfach sogar noch auf tote Organismen oder auf Gewebereste (etwa an Haaren oder in Kot) anwenden, soweit analysierbare DNA erhalten ist. Es lässt sich auch dann anwenden, wenn überhaupt nur DNA-Material vorliegt. Allerdings nehmen wir mit einer solchen Definition in Kauf, dass wir bei nur der Form nach bekannten ähnlichen Formen, wie Fossilienfunden, schlicht nicht entscheiden können, ob sie einheitliche Arten bildeten; Paläontologen sprechen daher häufig auch lieber von Gattungen als von Arten, die traditionell weniger scharf definiert sind.

Durch die Anwendung des DNA-Vergleichs und durch die Methode der strikt auf der natürlichen Verwandtschaft basierenden Taxonomie sind zahlreiche traditionelle Namen geändert und Artzuordnungen vielfach neu strukturiert worden bzw. ist dieser Prozess noch im Fluss. Für den Außenstehenden und auch für viele Biologen ist dadurch die Übersicht über die biologische Vielfalt manchmal schwer zu erarbeiten.

Ohnehin nur beschränkt in ein klassisches Art- und Taxonomiekonzept[24] passen die zahlreichen gezüchteten und auch die gentechnisch veränderten Arten oder Varietäten oder wie immer man sie bezeichnet. Ebenfalls Sonderfälle bilden Bakterien mit ihrem horizontalen Genaustausch (Genaustausch zwischen nichtverwandten Arten).

Wie viele Arten sterben derzeit aus?

So erstaunlich dies in unserer gut informierten Zeit klingen mag: Über das aktuelle Aussterben der Arten sind wir schlecht informiert. Häufig gilt eine Art zunächst nur als vermisst. Bei kleinen und seltenen Arten kommt es oft nach vielen Jahren zu erneuten Nachweisen von deren Existenz und damit zu «Wiederentdeckungen». Das trifft auch auf größere Tiere zu. Nachdem mindestens eine Art der auf den Seychellen lebenden Schildkröten-Gattung *Dipsochelys* wirklich ausgelöscht ist, vermutete man bei zwei anderen Arten *(D. hololissa* und *D. arnoldi)*, sie seien um 1840 ausgestorben. Ende der 1990er Jahre konnte aber bei Tieren in Gefangenschaft durch DNA-Analysen nachgewiesen werden, dass es sich teilweise um Vertreter dieser beiden Arten handelte. Man kennt daher wieder 12 bzw. 18 Individuen dieser Arten, die in Zoos leben und die man zuvor für eine andere Art gehalten hatte.

Vom australischen Beutelwolf *(Thylacinus cynocephalus)*, auch Tasmanischer Tiger genannt, ist das letzte bekannte Exemplar 1936 in einem Zoo verstorben. Er war das größte damals noch lebende Beuteltier mit Raubtiercharakter. Lange Zeit war unklar, ob er in Freiheit noch vorkommt, denn immer wieder wurden angebliche Sichtungen gemeldet, ohne dass es jedoch jemals einen wirklichen Nachweis gegeben hätte. Heute gehen wir davon aus, dass die Art tatsächlich 1936 ausgestorben ist, auch wenn weiterhin angebliche Sichtungen gemeldet werden.

Da man das reale Aussterben schon bei derart auffallenden Formen und erst recht bei kleineren Arten nicht unmittelbar verfolgen kann, wurden Abschätzungen über die globalen Aussterberaten entwickelt. Für die Gruppen der Vögel und Säugetiere legen Fossilfunde nahe, dass, wenn auch stark schwankend, etwa alle 200 bis 400 Jahre eine ihrer Arten «natürlicherweise», also ohne Zutun des Menschen, ausstirbt. Derzeit beobachten wir jedoch eine ungefähr 100fache Beschleunigung dieser Aussterberate, was bedeuten würde, dass alle zwei bis vier Jahre eine Vogel- oder Säugetier-Art verschwindet. Messbar und damit nachweisbar ist die Zahl nicht wirklich, da längst nicht über alle Arten kontinuierlich aktualisierte Kenntnisse vorliegen. Grundlage der Abschätzungen sind die Erkenntnisse über Artenabfolgen in der jüngeren Erdgeschichte und die bekannt gewordenen Ausrottungen zwischen etwa 1500 und 2000 n. Chr.

Als globale Aussterberaten über alle Organismengruppen lauten häufig genannte und immer wieder wechselseitig zitierte Schätzzahlen, dass pro Tag um die 75 bis 300 Arten durch Biotopverlust oder andere Mechanismen endgültig verloren gehen, was rund 30 000 bis 100 000 Arten pro Jahr entsprechen würde. Diese Zahlen basieren im Wesentlichen auf Abschätzungen sogenannter Arten-Areal-Kurven, d. h. empirischen Beziehungen zwischen Artenzahl und Arealgröße sowie der Messung des Lebensraumschwundes, speziell der artenreichen tropischen Regenwälder. Sie setzen auch eine sehr große Zahl noch unbekannter tropischer Insektenarten voraus, die derzeit aber nur sehr ungenau bekannt ist (s. u.).

Zur methodischen Schwierigkeit der Abschätzung der wirklichen Zahlen addieren sich noch die Konzeptunterschiede in der Artdefinitionen, die Probleme mit kryptischen Arten[25] und mit rein nominellen gegenüber validen Arten[26] sowie das teilweise Mitzählen von Unterarten. Ob die oben zitierten Zahlen täglicher Aussterberaten richtig liegen, wird in absehbarer Zeit nicht beantwortet werden können, denn eine wissenschaftlich haltbare Schätzgröße mit Messfehlerangabe lässt sich derzeit nicht ableiten. Konsens herrscht aber darüber, dass die heutigen Aussterberaten gegenüber denen der meisten früheren Erdepochen drastisch erhöht und der Mensch hierfür letztlich die Ursache ist.

Bedrohte Arten

Jedes Jahr wird von der Weltnaturschutzunion eine Liste der bedrohten Arten als *IUCN Red List*[27] veröffentlicht. Wenngleich sie nur einen Bruchteil der Arten umfasst, erlaubt diese Liste dennoch eine Abschätzung des Bedrohungsgrades der irdischen Artenvielfalt. Der Bedrohungsstand wird nach spezifischen Kriterien ermittelt, wozu auch eine kritische Abwägung gehört, ob eine Art gleichsam von Natur aus selten ist oder erst durch die Tätigkeit des Menschen selten geworden ist. Ungeachtet bestimmter methodischer Unzulänglichkeiten infolge der Vielzahl an Organismentypen und Vielzahl an Bearbeitern sind die Listen von großer Bedeutung. Sie wirken auch über die Medien und können Schutzmaßnahmen beeinflussen. Gemäß der letzten veröffentlichten Liste gelten derzeit die in der Tabelle 1 genannten Artenzahlen als bedroht.

Tabelle 1: Beschriebene, beurteilte und gewertete Arten der IUCN im Jahre 2006

Gruppe	vom IUCN angenommene Anzahl beschriebener Arten	beurteilte Arten	bedrohte Arten absolut	bedroht in Prozent der beurteilten Arten
Säugetiere	5416	4856	1093	22,5
Vögel	9934	9934	1206	12,1
Reptilien	8240	664	341	51.4
Amphibien	5918	5918	1811	30,6
Fischartige	29 300	2914	1173	40,3
Insekten	950 000	1192	623	52,3
Mollusken	70 000	2163	975	45,1
Krebsartige	40 000	537	459	85,5
Sonstige Wirbellose	130 200	86	44	51,2
Moose	15 000	93	80	86,0
Farnartige	13 025	212	139	65,6
Nacktsamer	980	908	306	33,7
Zweikeimblättrige Bedecktsamer	199 350	9538	7086	74,3
Einkeimblättrige Bedecktsamer	59 300	1150	779	67,7
Flechten	10 000	2	2	100,0
Pilze	16 000	1	1	100,0
TOTAL aus den o. g. Gruppen	*) 1 562 663*	*40 168*	*16 118*	*40,1*

*) Es wurden von IUCN nicht alle Organismengruppen berücksichtigt und bei einigen Gruppen relativ konservative Schätzungen verwendet.

Die Tabelle muss allerdings mit Vorsicht interpretiert werden: Die einzige Gruppe, wo sämtliche derzeit bekannten Arten evaluiert wurden, ist die der Vögel. In anderen Gruppen wurde nur ein kleiner Prozentsatz beurteilt, so bei den Fischen rund zehn und bei den Insekten rund ein Prozent der beschriebenen Arten. Auch innerhalb der Gruppen ist den auffälligeren Arten meist mehr Beachtung geschenkt worden. So wurden innerhalb der Insekten insbesondere die farbenprächtigen und populären Libellen genau untersucht. Einige Organismengruppen kommen in der Liste überhaupt nicht vor.

Die am meisten bedrohten Gruppen sind die Amphibien und die nacktsamigen Pflanzen, gefolgt von den Säugetieren. Bei diesen dürften Lebensraumzerstörung, Umweltbelastung und weltweit verschleppte Krankheitserreger für den Bestandsniedergang verantwortlich sein. Bei den Nacktsamern scheinen auch spezielle Eigenschaften der Reproduktion dieser sich langsam oder in Schüben vermehrenden Pflanzen ein Grund für die hohe Zahl an bedrohten Arten sein. Dort, wo die Datenbasis sehr dünn ist, wie bei den «sonstigen Wirbellosen» und den Flechten und Pilzen, lässt sich keinerlei statistisch haltbare Aussage machen.

Aus Anlass der Veröffentlichungen dieser zwei- bis vierjährlich erstellten Listen wird jeweils auf spezifische Bedrohungssituationen hingewiesen. In Zusammenhang mit den im Jahre 2006 verzeichneten 16 118 bedrohten Arten wurde insbesondere auf so bekannte Arten wie Eisbär und Flusspferd verwiesen. Diese stehen zwar durchaus nicht vor dem nahen Aussterben, aber infolge des Rückgangs des arktischen Eises ist mit einem Bestandsrückgang der Eisbärpopulationen bis 2050 um über 30 Prozent zu rechnen. Mit dieser Feststellung wurde der Faktor Klimaerwärmung erstmals sehr anschaulich auf Probleme der Biodiversität gelenkt. Auch Haie, Süßwasserfische und mediterrane Pflanzen gehören zu den bedrohten Gruppen. Als ausgestorben galten 784 Arten (einschließlich bestimmter Unterarten); weitere 65 kommen derzeit nur noch in Gefangenschaft vor oder werden in Kultur gehalten.

Auch Organismen aus den Weiten der Ozeane sind betroffen. Hierzu zählen die Haie und Rochen. Rund 20 Prozent der derzeit bekannten 547 Arten dieser beiden miteinander verwandten Gruppen sind vom Aussterben bedroht. Diese Tiere wachsen relativ langsam und ihre Bestände können sich daher nach Überfischungen nur schwer erholen. Der Engelshai *(Squatina squatina)* und der Glattrochen *(Dipturus batis)* sind praktisch von den Fischmärkten, wo sie früher häufig waren, verschwunden und kommen beispielsweise in der Nordsee kaum noch vor. Auch Haie tieferer Meereszonen sind bedroht, so der am Boden lebende Schlinghai *(Centrophorus granulosus)*. Manche Populationen dieser wegen ihres Fleisches und ihrer ölreichen Leber geschätzten Haiart sind um bis zu 95 Prozent eingebrochen.

Über das Schicksal der zahlreichen Kleinformen zu Lande und im Meer lässt sich nur spekulieren oder anhand von Modellrechnungen, wie im vorangehenden Kapitel erläutert, die vermutete jährliche Verlustrate abschätzen. Die Internationale Naturschutzunion kam jedenfalls 2006 zu dem Schluss, dass der Verlust der irdischen Biodiversität trotz zahlreicher Schutzbemühungen immer noch zunimmt.

Rote Listen werden von verschiedenen Auftraggebern auch auf regionaler Basis für Staaten (z. B. Deutschland, Österreich, Schweiz), für Bundesländer oder Kantone entwickelt und geben eine Übersicht über das regionale Artenspektrum und den jeweiligen Bedrohungsstand. Diese Listen liegen allerdings längst nicht vollständig für alle Regionen und alle Organismengruppen vor.

Bekannte und unbekannte Arten

Ein zentraler Punkt von Biodiversitätsdiskussionen ist die Frage nach der Anzahl der Arten, die auf der Erde und in den Öko-systemen lebt. Leider müssen wir ernüchternd feststellen, dass es nie möglich sein wird, die Zahl aller Arten global oder für ein bestimmtes Ökosystem genau anzugeben. Die Gründe sind viel-fältig und hängen stark von der Frage ab, wie und nach welchen Kriterien die Arten richtig zu zählen sind.

Der Laie ordnet meist Formen ähnlichen Aussehens einer Art zu. Äußere Unterschiede oder Ähnlichkeiten sind aber manch-mal biologisch von geringer Bedeutung. So betrachten Forscher den amerikanischen Grizzlybär als Unterart des Braunbären oder unsere Nebelkrähe als Unterart der Rabenkrähe, obwohl beide deutlich unterscheidbar sind und in verschiedenen Gebie-ten vorkommen. Andere Formen sind einander so ähnlich, dass sie der Nichtspezialist zu einer einzigen Art zusammenfassen würde, so etwa mehrere zehntausend Arten an Rundwürmern (Nematodes), die äußerst merkmalsarm sind und für den Laien «alle gleich» aussehen. Betrachten wir daher zunächst Prin-zipien der biologischen Systematik.

Überraschungen der modernen Systematik

Was bedeutet es, wenn wir lesen, dass im Meer die größte Viel-falt an Tierstämmen (mehr als auf dem Festland und im Süß-wasser) vorkommt, dass aber auf dem Festland die größte Ar-tenvielfalt herrscht? Welche Bedeutung hat die Information, dass eine völlig neue Insektenordnung entdeckt wurde oder dass mit dem Aussterben des Beutelwolfs 1936 nicht nur eine Art, sondern zugleich eine taxonomische Familie ausgestorben ist?

Oberhalb der Art unterscheiden Biologen traditionell die Gattung, Familie, Ordnung, Klasse und den Stamm (bei Pflanzen oft Abteilung genannt). Als Beispiel diene unser Wolf, der als Art *Canis lupus* heißt und damit zur Gattung *Canis* gehört, wie z. B. auch der amerikanische Kojote. Alle *Canis*-Arten gehören zur Familie der Hundeartigen (Canidae, wie z. B. auch unser Fuchs). Die Hunde gehören weiter zur Ordnung der Raubtiere (Carnivora), zur Klasse der Säugetiere (Mammalia) und zum Stamm der Chordatiere (d. s. die Wirbeltiere und ihre Verwandten). In der die natürliche Verwandtschaft analysierenden modernen phylogenetischen Systematik haben diese traditionellen Kategorien allerdings wenig Bedeutung und man erläutert die Verwandtschaft häufig durch ein numerisches Zahlensystem und grafische Verwandtschaftsdiagramme.[28] Der Grund hierfür ist, dass sich keine universell anwendbaren Definitionen für die Kategorien oberhalb einer Art formulieren lassen. Eine Gattung der Hundeartigen ist also nicht mit einer Gattung der Katzenartigen oder gar der Blütenpflanzen zu vergleichen, sondern diese Kategorien sind relativ willkürlich historisch entstanden.

Ein weiteres Umdenken ist bezüglich mancher traditioneller Namen nötig, denn man versieht nur noch mit einheitlichen wissenschaftlichen Namen, was auf einen gemeinsamen Ursprung zurückgeht. Dabei geht man vom Prinzip der Monophylie aus, bei dem die Grundlage der Namensgebung für eine taxonomische Gruppe die Abstammung von einer Stammart ist. Viele dem Laien vertraute Begriffe umfassen Formen, die nicht näher verwandt sind, während Gruppen, die eigentlich zusammengehören, als getrennte Einheiten behandelt werden. So stellt die Gruppe der «Reptilien» (auch Kriechtiere genannt und meist als Klasse bezeichnet) gar keine einheitliche und geschlossene Verwandtschaftsgruppe dar. Sie ist keine monophyletische Einheit im engeren Sinne, d. h., sie umfasst nicht alle Formen, die sich auf eine gemeinsame Stammart zurückführen lassen. Sie kann nur indirekt definiert werden als diejenigen höheren Landwirbeltiere (Amniota), die nicht Vögel und nicht Säugetiere geworden sind. Die beiden «Reptilien»-Gruppen Schildkröten und Krokodile sind nach derzeitiger Erkenntnis gar nicht sonderlich nahe verwandt, sondern etwa so weit auseinander wie Schildkröten und Vögel. Es geht noch weiter: Krokodile sind mit Vögeln vergleichsweise enger verwandt als mit Schildkröten, und relativ nahe Verwandte dieser beiden Gruppen sind die ausgestorbenen Dinosaurier des Erdmittelalters (Gruppe Saurischia u. a.).

Der Fortschritt in der biologisch-systematischen Forschung mit der Auflösung traditioneller Einheiten hat leider einen praktischen Nachteil: Er führt dazu, dass die Kommunikation über die jeweils zu diskutierenden Einheiten schwierig werden kann. Wie gehen Biologen mit diesen geänderten Sichtweisen um? Relativ pragmatisch: Sie wissen zwar, dass die «Reptilien» keine natürliche Verwandtschaftsgruppe darstellen, sprechen aber der Einfachheit halber, und damit sie auch mit Nichtbiologen kommunizieren können, weiterhin von «Reptilien». Sie setzen jedoch den Begriff – zumindest in der wissenschaftlich-taxonomischen Literatur – in Anführungszeichen als Kennzeichen einer paraphyletischen Einheit. Die Vögel werden aber auch von den Spezialisten in der Umgangssprache stets als Vögel und nicht etwa als Reptilien bezeichnet, auch wenn sie in die Nähe der Krokodile gehören und verwandtschaftlich tatsächlich befiederte «Reptilien» darstellen.

Was für die Zoologen die Aufhebung der Gleichrangigkeit von Reptilien und Vögel ist, ist für die Botaniker die Aufhebung von Einkeimblättrigen und «Zweikeimblättrigen» als gleichrangige Einheiten oder von «Nacktsamern» und Bedecktsamern unter den Samenpflanzen. Solche neuartigen Verwandtschafts- und Einteilungsprinzipien sind im gesamten Organismenreich in großer Zahl aufgedeckt worden. Sie finden sich in sehr großer Zahl auch auf der Ebene von Arten und Gattungen und führen dort auch heute noch häufig zu Neuaufteilungen und veränderten Artenzahlen.[29]

Wo liegt hier die Bedeutung für die Biodiversitätsproblematik? Sie liegt darin, dass Neuaufteilungen von Arten oder Unterarten sogar Gesetzes- und Artenschutzdiskussionen in Bewegung halten können, weil Ziele gegebenenfalls neu formuliert werden müssen. Und sie liegt weiter darin, dass wir feststellen müssen, dass es äußerst unübersichtlich und schwierig ist, die wirkliche Vielfalt der belebten Natur darzustellen, die selber ein faszinierendes Forschungsgebiet darstellt.

Wie viele Arten gibt es?

Die Zahl der derzeit bekannten Arten anzugeben ist wegen der Schwierigkeit der eindeutigen Arterkennung und der Artabgrenzung, des jeweils zugrunde liegenden Artkonzepts und des unterschiedlichen Bearbeitungsstatus der Gruppen nicht möglich. Viele systematische Gruppen unterliegen daher kontinuierlich Revisionen und Neuinterpretationen. Die Zahl der beschriebenen (nominellen) Arten ist nicht gleich der Zahl tatsächlicher Arten, da viele Funde als neue Arten beschrieben worden sind, die zu einer bereits zuvor beschriebenen Art gehören, wie sich bei taxonomischen Revisionen nachträglich oft herausstellt. Auch das Gegenteil, die Aufteilung einer scheinbar einheitlichen Art in mehrere getrennte Arten, findet man häufig, insbesondere nach genetischen Analysen. Taxonomen unterscheiden daher zwischen den nominellen (d. h. formal beschriebenen) Arten und den gültigen oder validen Arten. So kennt man für die Gruppe der Fische derzeit 50 000 bis 60 000 nominelle Arten, akzeptiert davon aber weniger als 30 000 valide Arten.

Dennoch kann man versuchen, eine einigermaßen anerkannte Größenordnung für die Gesamtartenzahl festzustellen. Die letzten kritischen und ausführlichen Gesamtschätzungen wurden im Rahmen des *Global Biodiversity Assessments* im Auftrag des *United Nations Environment Program* im Jahre 1995 veröffentlicht. Damals wurden, auf Basis von Erhebungen von Anfang der 1990er Jahre, 1,75 Millionen Arten geschätzt, verbunden mit ebendem Hinweis, dass die Artenzahlen der einzelnen Gruppen je nach recherchierendem Autor stark, zum Teil über 50 Prozent, variieren. Die Zahl der traditionellen Neubeschreibungen an Tieren, Pflanzen und Mikroorganismen in wissenschaftlichen Journalen lag und liegt gemäß dieser Studie relativ konstant über die Jahre bei 12 000 bis 13 000 Arten jährlich. Rechnet man diese Zahlen hoch, ergibt sich für heute schon ein Wert von über 1,9 Millionen Arten.

Daneben sind durch die molekulare Systematik eine große Zahl von genetisch bestimmten Arten festgestellt und definiert worden, die in vielen Fällen noch keine wissenschaftlichen Namen tragen und die auch auf der Basis eines molekularen Artkonzepts definiert sind. In welcher Größenbeziehung die genetisch definierten Arten zur traditionellen Artenbeschreibung stehen, mag die große Zahl madagassischer Froscharten illustrieren. Mit traditionellen Methoden sind um die 230 Arten beschrieben, während zusätzliche rund 70 Arten identifiziert, aber noch nicht benannt sind.[30] In der einfachstmöglichen konservativen Schätzung können wir die Zahl genetisch definierter Taxa der letzten Jahre etwa gleich groß annehmen wie die traditionell beschriebene Zahl neuer Arten.

Ferner sind in den letzten Jahren infolge intensiver Forschung besonders häufig Neuentdeckungen erfolgt, beispielsweise aus tropischen Lebensräumen und aus der marinen Tiefseeforschung. Die Gesamtberücksichtigung all dieser Befunde legt daher nahe, dass eine Gesamtzahl von zwei Millionen beschriebenen oder definierten Organismenarten inzwischen überschritten worden ist.

Was die Gesamtzahl der Arten auf der Erde anbelangt, so sind in der Literatur Schätzwerte von einerseits nur 3 bis 4 Millionen bis hin zu über 110 Millionen als Obergrenze genannt worden. Die Zahl wird im Wesentlichen bestimmt durch die Frage, wie viele Insekten in den tropischen Landzonen, etwa auf Baumkronen, leben; denn diese tropischen Landinsekten werden üblicherweise als die mit Abstand artenreichste Gruppe betrachtet und mit zwischen 2 und 100 Millionen vermutet. Neuere Schätzungen pendeln sich im unteren Viertel ein. Daher gehen wir hier im Sinne einer Arbeitshypothese davon aus, dass die Gesamtzahl an Organismen auf der Erde in einer Größenordnung von um 10 (–20) Millionen Arten liegen mag.

Wie verteilen sich die derzeit bekannten über zwei Millionen Arten? Etwa 51 Prozent davon sind Insekten und etwa 14 Prozent gehören zu den Höheren Pflanzen (Sprosspflanzen). Den Rest von rund 35 Prozent (etwa 700 000 Arten) bilden die übrigen tierischen und pflanzlichen Organismen einschließlich aller Einzeller und aller Wirbeltiere.

Man kann die gut zwei Millionen Arten auch nach Lebensräumen aufteilen: Rund 78 Prozent leben auf dem Festland,

17 Prozent im Wasser und 5 Prozent (etwa 100 000 Arten) leben als Parasiten oder Symbionten in anderen Organismen.[31]

Von den noch zu entdeckenden Arten werden vermutlich die Mehrzahl Insekten sein, und viele Arten werden nur genetisch definierbar, d. h. äußerlich nicht von verwandten Arten unterscheidbar sein.

Spektakuläre Neuentdeckungen

Die noch vor uns liegenden Neuentdeckungen sollten wir uns nicht übermäßig spektakulär vorstellen. Die Zeiten der Entdeckung von auch für den Laien bemerkenswerten Tieren und Pflanzen sind wohl vorbei. Selbst im 20. Jahrhundert sind nur noch wenige Funde und Neubeschreibungen erfolgt, die auch in der öffentlichen Wahrnehmung als wirklich imposant galten.[32]

- 1901 wurde das Okapi *(Okapia johnstoni)*, eine Waldgiraffenart aus dem Kongo, beschrieben und 1909 auch erstmals gefangen. Es handelt sich um eine Kurzhalsgiraffe, wie sie in ähnlichen Formen zuvor schon aus eiszeitlichen Ablagerungen Europas fossil bekannt war. Das Okapi wird etwa zwei Meter groß und trägt ein teils bräunliches, teils schwarzweißes Fell. Seit dieser Zeit ist keine Landsäugetierart dieser Körpergröße mehr entdeckt worden.
- 1933 wurde ein fast 22 Meter langer Riesenkalmar (Gattung *Architeuthis*) aus den Tiefen des Atlantiks bei Neufundland an Land getrieben. Später sind Vertreter dieser Kopffüßlergattung in mehreren Arten und auch aus anderen Weltmeeren beschrieben worden. Von der Existenz solcher Seeungeheuer, die Augen bis 40 Zentimeter Durchmesser haben und bis 500 Kilogramm Gewicht erreichen können, war seit der Antike immer wieder berichtet worden, wobei sich Mythen, Seemannsgarn und tatsächliche Einzelsichtungen vermischten. Jules Vernes berühmte Beschreibung eines «Riesenkraken» in seinem 1869 erschienenen Buch «20 000 Meilen unter dem Meer» beruhte auf Seemannsbeschreibungen und meinte ebenfalls die Riesenkalmare und nicht Kraken (diese werden nicht so groß), auch wenn selbst die zeitgenössischen Illustra-

toren einen Kraken gemalt haben – angesichts der Seltenheit
der Tiere ein verzeihlicher Fehler. Ein längeres Tier ist seitdem
nicht mehr gefunden worden.

• 1938 wurde die urtümliche Fischgruppe der Quastenflosser durch die im Meer bei Südafrika gefangene Art *Lati-
meria chalumnae* entdeckt. Diese Tiergruppe glaubte man
als gegen Ende der Kreide (vor über 65 Millionen Jahren)
ausgestorben. Es war die letzte Entdeckung einer Art innerhalb der Wirbeltiere, die dem Status einer eigenen Ordnung
entspricht.

• 1941 wurde der bis dahin nur Paläontologen bekannte Urweltmammutbaum *Metasequoia glyptostroboides* in feucht-
schattigen Gebirgswäldern Chinas entdeckt. Er wird 30 bis
50 Meter hoch bei einem Stammdurchmesser von ein bis
zwei Metern und trägt Nadeln, die im Herbst abfallen.
Nach seiner Entdeckung wurde er weltweit in Parks als Zier-
baum angepflanzt. Eine ähnlich bemerkenswerte Pflanzenent-
deckung ist noch einmal 1994 in Australien mit der urtümlichen Araukarien-Baumart *Wollemia nobilis* erfolgt, die dort
nur noch in wenigen und genetisch einheitlichen Individuen
vorkommt. In beiden Fällen sind zuvor nur fossile Formen
bekannt gewesen. Die Entdeckung, dass eine scheinbar ausgestorbene Art oder Gattung wider Erwarten lebend auf-
gefunden wird, wird plakativ auch als «Lazarus-Effekt»[33]
bezeichnet.

Daneben werden dank verbesserter Analysen formale Neubeschreibungen von Arten veröffentlicht, die sich auf bereits bekannte Formen stützen, jedoch zu einer Neuaufteilung der bisherigen Art führen. So hat man vom Afrikanischen Elefanten
den Waldelefanten *(Loxodonta cyclotis)* aufgrund von molekulargenetischen Analysen als eigenständige Art abgetrennt. Hingegen sind die seit bereits 1906 bekannten Zwergelefanten nicht
als eigenständige Art akzeptiert, sondern werden als Varietät
des Waldelefanten angesehen.

Abgesehen von den genannten eindrücklichen Arten gibt
es zahlreiche Neufunde und Beschreibungen von Arten, die un-
scheinbarer, jedoch durchaus wissenschaftlich bemerkenswert

sind. Durch die in den letzten Jahrzehnten intensivierten Forschungen in Regenwäldern und Ozeanen und durch die Öff-
nung der ehemaligen kommunistischen Staaten förderten solche
Regionen bemerkenswerte neue Tierarten zutage:

- 1992 wurden im Vu-Qang-Nationalpark Zentralvietnams
  drei Hornpaare einer bislang unbekannten Horntierart gefun-
  den. 1993 wurde das dazugehörige und bislang unbekannte
  Tier als Vietnamesisches Waldrind *(Pseudoryx nghetinhen-
  sis)*, auch Saola oder Vu-Quang-Rind genannt, beschrieben.
  Lebend gefunden hat man es erst 1996 auf laotischem Gebiet.
  Es stellte sich als ein dunkelbraun gefärbtes und etwa 90 Zentimeter hohes Wildrind heraus. Es war eine Zeitlang als wilde
  Ziege oder Antilope angesehen worden; erst 1999 haben
  DNA-Untersuchungen definitiv die Zuordnung zu den Rindern ergeben.
- Etliche Neubeschreibungen sind aus der Gruppe der Munt-
  jaks (Muntjakhirsche) erfolgt. Diese Verwandtschaftsgruppe
  umfasst etwa zehn hirschähnliche Säugetierarten aus Süd-
  und Ostasien. So wurde 1994 aus dem bereits oben genannten vietnamesischen Vu-Quang-Nationalpark, später auch
  aus Laos, der Riesenmuntjak *(Muntiacus vuquangensis)* beschrieben. Ob die entdeckte Tierart wirklich in die Gattung
  Muntiacus gehört, ist derzeit noch umstritten. 1997 wurde
  aus Myanmar (ehemals Birma) die verwandte Art des Putao-
  Muntjak *(Muntiacus putaoensis)* beschrieben, die fünf Jahre
  später auch im indischen Bundesstaat Arunachal Pradesh
  gefunden wurde. Schon einige Jahre zuvor war aus Gebie-
  ten Tibets und Yunnans der Gongshan-Muntjak *(Muntiacus
  gongshanensis)* beschrieben worden.
- Um 1995 und dann noch einmal 1998 wurde auf laotischen
  Märkten eine bislang der Zoologie unbekannte schnurrbär-
  tige Nagetierart von etwa 50 Zentimeter Länge (einschließlich Schwanz) entdeckt, die den lokalen Einheimischen durchaus bekannt war und unter dem Namen Kha-Nyou gehandelt
  wurde. Sie wurde 2005 nach gründlicher morphologischer
  und genetischer Untersuchung sogar in eine eigene und neue
  Nagetierfamilie *Laonastidae* gestellt. Diese Verwandtschafts-

gruppe war Paläontologen aus Fossilfunden bekannt. Aber für die rezente Säugetierwelt ist mit dieser neu entdeckten Art *Laonastes aenigmamus* sogar ein Neufund auf Familienebene hinzugekommen.

- Aus Madagaskar, Nordwest-Neuguinea und anderen tropischen Ländern sind viele neue Froscharten beschrieben worden. Aus Süd- und Mittelamerika wurden etliche neue Reptilienarten gemeldet, beispielsweise eine neue Geckoart von Union Island in der Südkaribik. Aus Honduras wurde 2001 sogar eine neue Schlangengattung *(Omoadiphas)* beschrieben.

- Im Jahr 2001 wurde im Gebiet des Brandbergs in Namibia eine bemerkenswerte Insektenart gefunden *(Mantophasma zephyra)*, die wehrhaft-urtümliche Züge trägt. Morphologische und DNA-Untersuchungen zeigten, dass es sich um eine neue Insektenordnung handelte, die ins Umfeld der Schaben, Gespenstheuschrecken und Gottesanbeterinnen gehört und Mantophasmatodea genannt wurde. Es war seit 1914 das erste Mal, dass der Wissenschaft eine neue Insektenordnung bekannt geworden war. In letzter Zeit wurden mehrere verwandte Arten auch in Südafrika und in Tansania festgestellt, so dass man momentan 4 Familien mit 11 Gattungen und 14 Arten unterscheidet.[34]

- Im Jahr 2004 wurde in abgeschiedenen Bergwäldern Tansanias eine neue Affenart gesichtet, die zunächst als eine Hochlandmangabe beschrieben, 2006 aber in den Rang einer eigenen neuen Gattung erhoben wurde *(Rungwecebus kipunji)*. Die Affenart wird rund 16 Kilogramm schwer und bildet am Fundort eine Population von rund 1000 Tieren.

- In den Jahren 1991 und 2002 wurden im östlichen Pazifik zwei neue und miteinander verwandte bis vier Meter lange Vertreter der Schnabelwale (Ziphiidae) entdeckt: der Peruanische Schnabelwal *(Mesoplodon peruvianus)* sowie der Perrin-Schnabelwal *(Mesoplodon perrini)*. Hinweise auf die Existenz dieser Arten und Einzelfunde hatte es schon zuvor gegeben, doch waren sie teilweise einer bereits bekannten Art zugeordnet worden. Beide Arten, die zur Obergruppe der

Zahnwale (Odontoceti) gehören, leben wohl überwiegend in größerer Tiefe und ernähren sich von Kopffüßlern.

- Im Jahr 2003 wurde auch aus der Gruppe der Bartenwale (Mysticeti) ein neuer 12 Meter langer Vertreter beschrieben, der dem Finnwal sehr ähnlich ist. Ob es sich hierbei wirklich um eine neue Art handelt, ist bislang nicht restlos klar. Er wird unter dem Namen *Balaenoptera omurai* geführt.

- Im Jahr 2005 wurde mit dem Australischen Stupsfinnendelfin *(Orcaella heinsohni)* eine neue Art beschrieben, die eng mit dem bereits bekannten Irawadidelfin *(O. brevirostris)* verwandt ist. Die neue Art wurde in den australischen seichten Küstengewässern bei Townsville gefunden, wo rund 200 Tiere leben; die Art kommt aber vielleicht bis Papua-Neuguinea vor.

- Bei verschiedenen Schneckengruppen sind ganze Artenschwärme mittels morphologischer und genetischer Untersuchungsmethoden festgestellt worden. Schnecken sind äußerlich relativ merkmalsarm, so dass die Existenz kryptischer Arten erst durch Anwendung molekulargenetischer Analysen möglich wird. Auf diese Weise sind etwa Artenschwärme bei indonesischen Süßwasserschnecken aus der Gattung *Tylomelania* bekannt geworden. Auch unter unseren einheimischen Schnecken sind genetisch definierte neue Arten aufgetaucht, die noch einer formalen Beschreibung harren.

- Im tropischen Regenwald der Insel Neuguinea, speziell um den Kutubu-See und in der Region Kikori, wurden von WWF-Wissenschaftlern im Jahre 2006 mindestens acht neue Orchideenarten gefunden. Die Orchideen bilden mit rund 20 000 Arten die artenreichste Familie der Blütenpflanzen, wobei allein etwa 3000 in Papua-Neuguinea vorkommen.

Medien greifen tatsächliche oder vermeintliche Neuentdeckungsfunde gerne auf; nicht in jedem Falle steckt aber unter einer entsprechenden Überschrift eine wirkliche Neuentdeckung. So werden Neuentdeckungen von den Entdeckern oder den Medien suggeriert, wo nur Bestätigungen oder erweiterte Vorkommensbereiche festgestellt worden sind. Es wird dann unsauber von Neufunden gesprochen, obwohl es sich um bekannte Arten handelt. So wurde im Juli 2002 das Foto eines bei Australien im Meer gefundenen angeblich neu entdeckten Riesenkalmars gezeigt, der erstens fälschlicherweise als «Krake» («giant Octopus») angepriesen wurde und der zweitens mit etwa 15 Meter Länge bei weitem nicht das größte gefundene Exemplar war. Als Ergebnis einer Neuguinea-Expedition wurde ein Baumkänguru von Medien als neue Art gepriesen, obwohl die Forscher darauf hingewiesen hatten, dass die Art durchaus aus dem Ostteil der Insel bekannt war, nur nicht im Gebiet der betreffenden Expedition.

Auch aus Mitteleuropa hören wir von «Neubeschreibungen», wo manchmal eine Art nur neu für das Artenspektrum des jeweiligen Landes ist, in einem anderen aber durchaus bekannt war. Manchmal wird die Bedeutung von Funden seltener Arten dadurch erhöht, dass sie als «ausgestorben geglaubte Arten» bezeichnet werden. Ob eine Art ausgestorben ist oder nicht, weiß man, wie weiter oben illustriert, meistens erst nach längerer Zeit. Aber natürlich kann im Einzelfall selbst eine «Wiederentdeckung» als Meldung bedeutsam sein, wenn erst dadurch örtliche Schutzmaßnahmen etabliert werden können.

Auch aus Geltungssucht oder Habgier bewusst irreführende Informationen können den Weg in die Medien finden. So bekannte im Jahr 2005 eine Person, den seit 1936 vermissten Beutelwolf gesichtet zu haben, doch wurde das als Beweis vorgelegte Foto, das einem älteren bekannten Foto ähnelte, nicht zu einer Echtheitsüberprüfung überlassen. Im gleichen Jahr machten auch Berichte eines Wildtierfotografen über indische Zwergelefanten die Runde, ohne dass verwertbare Überreste abgeliefert wurden. Allein schon auf der Basis von Haaren, die sich im Gestrüpp verfangen haben, oder von Resten von Tierdung ließe sich eine DNA-Untersuchung zur Feststellung der Richtigkeit der Behauptung vornehmen. Da solche Proben nicht geliefert werden konnten und die Tiere auch nicht wieder gesichtet wurden, sind erhebliche Zweifel angebracht.

Wie selten echte Neubeschreibungen von Vögeln und Säugetieren inzwischen geworden sind, mag man daran ermessen, dass sogar auf dem vogelartenreichen Neuguinea seit 60 Jahren keine neue Art mehr gefunden wurde; lediglich in ein bis zwei Fällen wird derzeit noch an unsicherem Material gearbeitet.

Künftige bedeutsame Neuentdeckungen werden stärker als bisher im äußerlich unscheinbareren Bereich stattfinden, im Aufdecken größerer Artenvielfalt innerhalb bereits bekannter taxonomischer Gruppen durch molekulare Methoden, im Auffinden neuer Gene und Genome und neuartiger biochemischer Funktionen sowie neuartiger Strukturen und Prozesse, die für Bionik und Biotechnologie von Bedeutung sein können.

Genetische Vielfalt

Nach der Biodiversitäts-Konvention ist außer der Artenvielfalt und der Vielfalt der Ökosysteme der genetischen Vielfalt besondere Beachtung zu schenken. Auf die Bedeutung genetischer Vielfalt bei Mikroorganismen im Rahmen der Umweltgenomik werden wir später kurz eingehen. Hier geht es um die Bedeutung genetischer Vielfalt für höhere Pflanzen und Tiere.

Genetische Variabilität innerhalb einer Art gilt gemeinhin als Garant dafür, dass die Art gegenüber zukünftigen Umweltveränderungen gewappnet ist. Grundsätzlich ist man im Rahmen von Schutzbemühungen bestrebt, eine große genetische Vielfalt und genügend große Individuenzahl zu erhalten, denn die Kreuzung genetisch ähnlicher Individuen kann zur Anreicherung schädlicher Genvarianten (Allelen) führen. Wissenschaftliche Forschungen haben allerdings gezeigt, dass die realen Verhältnisse komplexerer Natur sind.

Welche Bedeutung hat genetische Vielfalt?

Im Organismus existieren zahlreiche Gene, deren Wirkung und Bedeutung aufeinander abgestimmt sind. In einer Generationenfolge treten stets ähnliche Nachkommen auf, nicht aber wirklich identische. Sie variieren in Einzelmerkmalen, wie Haar- und Augenfarbe, Körpergröße und Fortpflanzungsstärke oder Resistenz gegenüber Krankheiten. Welch große Plastizität innerhalb natürlicher Arten liegen kann, erkennen wir an den vielfältigen Rassen des Haushundes, den zahlreichen Getreidesorten und den mannigfaltigen Rosenzüchtungen.

Eine wesentliche Ursache für diese genetische Variabilität und Plastizität liegt darin, dass die DNA als Doppelstrang auftritt, von denen einer vom mütterlichen und einer vom väterlichen Genom stammt. Dort, wo sich die Eltern in biologischen Eigen-

schaften aus genetischen Gründen unterschieden haben, kommt
beim Nachkommen entweder eine mittlere Eigenschaft (oft z. B.
bei der Körperkonstitution) oder aber die eine oder andere Variante zum Tragen (häufig bei Haarfarben). Die sich durchset-
zende Variante heißt dominant, die andere rezessiv; man spricht
auch von dominanten und rezessiven Allelen eines Gens.

Diese genetische Variation ist die Grundlage für die natürliche Selektion, d. h. das unterschiedlich starke Ausmerzen oder
Fördern bestimmter Kombinationen. Die Variation ist auch Ausgangspunkt für Sortenauslese und Nutztierzüchtung, wo auf bestimmte Anforderungen selektiert wird, z. B. auf hohe Milch-
leistung. Die gezüchteten Organismen sind genetisch vereinfacht
(verarmt) und würden, wenn sie sich in freier Natur mit Wildformen kreuzten, ihre charakteristischen Eigenschaften teilweise
wieder verlieren.

Umgekehrt achten die Zuchtprogramme vieler Zoos und
auch botanischer Gärten darauf, die genetische Variabilität
groß zu halten. In Zuchtbüchern werden die Individuen bezüglich ihrer Verwandtschaft aufgeführt, so dass ein Programm zur
Verringerung der Inzuchtgefahr möglich ist. Durch das Europäische Erhaltungszuchtprogramm[35] werden auf diese Weise über
150 Arten betreut, von denen etliche in freier Wildbahn vom
Aussterben bedroht sind oder gar nicht mehr vorkommen.

Auch für Auswilderungsmaßnahmen werden solche Ansätze
zugrunde gelegt. Hierzu ein Beispiel: Der Bartgeier *(Gypaetus
barbatus)* wurde im Verlaufe des 19. Jahrhunderts im Alpen-
raum ausgerottet, überlebte allerdings in den Pyrenäen und
auch außerhalb Europas. Er wurde auch Lämmergeier genannt,
eine stigmatisierende Bezeichnung, die seinem Untergang sicher
förderlich war. Er lebte in Gebirgsregionen meist oberhalb
der Waldgrenze, war die größte einheimische Vogelart und
ernährte sich überwiegend von Aas. 1986, nachdem diese Art
überall unter Schutz gestellt war, wurden die ersten Tiere
im Rauriser Krumltal (Nationalpark Hohe Tauern) ausgesetzt.
Bis 2006 wurden 144 Tiere freigelassen, die teilweise neue Bestände aufbauten. Da die ursprüngliche genetische Konstella-
tion ausgestorben war, entwickelte man ein Zuchtprogramm,

indem man pyrenäische und asiatische Bartgeier freisetzte. Die dadurch zunächst erreichte erhöhte genetische Variabilität scheint später durch unterschiedlichen Reproduktionserfolg einzelner Paare und auch durch zufällige genetische Schwankungen in Folgepopulationen allmählich wieder verloren gegangen zu sein.[36]

Auch andere wieder eingeführte Tierarten, wie der Biber in der Schweiz oder der Lachs im Rhein, basieren auf anderen als den ursprünglichen genetischen Linien. Wenn die Breite der wieder eingeführten genetischen Linien groß genug ist, besteht die Möglichkeit, dass sich die jeweiligen Populationen doch allmählich wieder standortgemäß optimal anpassen und genetisch stabilisiert werden.

Wie wird genetische Vielfalt gemessen?

Manche äußerlich erkennbaren Merkmale, wie Haarfarben, werden nach genetischen Gesetzen vererbt, so dass man gewisse genetische Unterschiede schon optisch erkennen kann. Sicherer und allgemeiner erkennt man genetische Ähnlichkeit oder Verschiedenheit durch Analysen von Proteinen oder durch direkte Analysen der DNA. Aus praktischen Gründen beschränkt man sich dabei in der Regel auf relativ variable Abschnitte der DNA. Zusammengehörende DNA-Sequenzen, die den Aufbau und die Funktion von Proteinen bestimmen oder den Ablauf anderer genetischer Prozesse beeinflussen, heißen Gene oder Genorte.

Die Anzahl der Gene variiert stark zwischen den Organismengruppen und hat interessanterweise wenig mit der äußerlichen Komplexität oder gar der Körpergröße des jeweiligen Organismus zu tun. Bei einfachsten Organismen, wie Bakterien, ist die Anzahl der Gene relativ gering und liegt bei rund 1000. Die größte Anzahl an Genen haben aber nicht etwa der Mensch oder Säugetiere, sondern Blütenpflanzen mit bis zu etwa 400 000 Genorten. Auch bei einigen Tiergruppen (altertümlichen Fischen u. a.) ist die Anzahl der Gene sehr hoch, was mit der Vervielfachung zahlreicher Gene zusammenhängt. Der Mensch enthält demgegenüber mit rund 27 000 Genorten eine

verblüffend geringe Anzahl; infolge komplex zusammengesetz-
ter Gen-Einheiten ist sie jedoch imstande, eine größere Vielfalt
zu steuern, als die Zahl spontan vermuten lässt. Im großen Ganzen nimmt auch der nichtcodierende DNA-Bereich zwischen
den Genen, dem eine wichtige, aber noch wenig verstandene
steuernde Funktion zukommt, mit der wachsenden Komplexität der Organismen zu.

Die Messung und Auswertung der genetischen Biodiversität
erfolgt mit den Methoden der Populationsgenetik. Diese erlaubt, beispielsweise die Heterozygotie[37] zu bestimmen. Deren
Ausmaß und auch die zufällige Abweichung von theoretisch er-
warteten Mittelgrößen hängen von der Populationsgröße und
von auftretenden Selektionsmechanismen ab. Ein hoher Hete-
rozygotenanteil kennzeichnet eine hohe genetische Variabilität.

Außer der DNA des Zellkerns ist DNA auch in den Mitochondrien und bei Pflanzen in den Chloroplasten vorhanden.[38]
Mitochondrien und Chloroplasten sind aus ursprünglichen
bakterienähnlichen Zellen entstanden und haben aus dieser
Zeit noch ihre einfache und ringförmige DNA-Struktur. Weil
sich Kerngenome, Mitochondrien- und Chloroplastengenome
im Laufe der Zeit alle unterschiedlich rasch verändern und auch
weil innerhalb jedes Genoms Abschnitte existieren, die sich
schneller oder langsamer verändern, können die verschiedenen
DNA-Bereiche für unterschiedliche Fragestellungen verwendet
werden. Manche Bereiche eignen sich mehr für Verwandschafts-
analysen innerhalb von Arten, andere mehr für Analysen zwischen Arten oder noch höheren Einheiten. Man spricht auch
von der «molekularen Uhr» der Genveränderungen und rekons-
truiert aus diesen natürlichen Mutationen den ungefähren Zeit-
punkte, in dem sich zwei genetisch definierte Gruppen, z.B.
zwei Arten oder zwei Populationen einer Art, getrennt haben.

Genetische Verarmung und Artenschutz

Wenn eine im Bestand stark reduzierte Art durch effiziente
Schutzmaßnahmen gerettet werden kann, so hat die sich wieder
regenerierende Population oftmals einen Teil ihrer genetischen

Variabilität, die sich ehemals auf die zahlreichen Individuen verteilt hat, eingebüßt. Man spricht davon, dass sie einen genetischen Flaschenhals *(bottleneck)* passiert hat. Wächst die Population wieder an, wird sie in der Regel genetisch einheitlicher ausfallen als die ehemalige große Ursprungspopulation. Nach verbreiteter Lehrmeinung hat diese genetische Verarmung mehrere Folgen: Es können sich verstärkt ungünstige Allelkombinationen manifestieren, die Widerstandskraft gegenüber wechselnden Umwelten und gegenüber Krankheitserregern nimmt ab und die langfristige Überlebenswahrscheinlichkeit der Population verringert sich dadurch. Die in großer Zahl bislang vorgenommenen Studien zeigen allerdings, dass die Beziehungen komplexer sind.

Manche Untersuchungen haben sich direkt der Frage gewidmet, wie sich die verringerte Vielfalt, die genetisch als verringerter Heterozygotiegrad zum Ausdruck kommt, tatsächlich auf das Überleben der Population auswirkt. Man spricht in diesen Fall von einer Inzuchtdepression der Population und vermutet eine verringerte Fitness (Überlebens- und Vermehrungsfähigkeit) der Individuen. Nach verschiedenen Modellrechnungen tritt eine solche Situation bevorzugt in kleinen Populationen auf, weshalb man versucht hat, die «minimale überlebensfähige Populationsgröße» zu berechnen. Es wurde diesbezüglich von 50 oder auch 500 Individuen gesprochen, die die kritische Grenze markieren sollen.[39] Betrachten wir im Folgenden einige Beispiele:

Vom amerikanischen See-Elefanten gibt es eine südliche Art *(Mirounga leonina)* an den Küsten Südamerikas und eine nördliche Art *(M. angustirostris)* an der Pazifikküste Nordamerikas. Die nördliche Art ist im 19. Jahrhundert so drastisch reduziert worden, dass vorübergehend weniger als 30 Individuen überlebt hatten. Durch Schutzmaßnahmen leben heute wieder mehrere zehntausend. Genetische Untersuchungen haben wiederholt eine faktisch fehlende genetische Variabilität zutage gefördert, während südliche See-Elefanten eine für Säugetiere normal große genetische Variabilität zeigen. Auf solchen Befunden basiert die Hypothese, dass Populationen, die sehr klein sind oder

vor längerer Zeit sehr klein waren und einen genetischen Flaschenhals durchlaufen haben, eine reduzierte genetische Vielfalt
aufweisen.

Ähnliche Ergebnisse wurden auch bei anderen Säugetieren
gefunden, so bei einer kanadischen Wolfspopulation auf einer
Insel des Lake Superior, wo allerdings die Individuenreduktion
deutlich geringer ausfiel, nämlich von geschätzten ursprünglich
50 Tieren auf etwa ein Dutzend. Die verbliebenen Wölfe waren
genetisch so nahe miteinander verwandt, wie es üblicherweise
nur Geschwister aus einem einheitlichen Wurf sind.

Bei der nahezu ausgerotteten asiatischen Löwen-Unterart
(Panthera leo persica) und bei bedrohten und seltenen Pflanzenarten[40] sind entsprechende verringerte genetische Variabilitä-
ten festgestellt worden. Theorie und Beobachtung scheinen hier
überall zur Deckung zu kommen.

Eine auffallend verringerte genetische Variabilität hat man
auch bei Geparden *(Acinonyx jubatus)* gefunden. Aus den
Daten wurde errechnet, dass die Art wohl vor rund 6000 bis
20 000 Jahren, vielleicht infolge einer Krankheit, durch einen
genetischen Flaschenhals gegangen sein müsse. Ob die vielfach
beobachteten abnormen Spermien und die hohe Jungensterblich-
keit dieser Art damit in Zusammenhang stehen, ist unklar; wenn
ja, könnte dies ein Hinweis auf die oft postulierte verringerte
Fitness von Organismen mit geringer genetischer Variation sein.

Aber es wurden auch völlig andere Ergebnisse bekannt, die
seltener zitiert werden, weil sie schwer erklärbar bis rätselhaft
sind. Beispiele für offensichtlich bedrohte Arten mit dennoch
normaler genetischer Ausstattung scheinen nämlich durchaus
verbreitet zu sein. Dies gilt für das in freier Wildbahn inzwischen ausgestorbene Przewalski-Pferd *(Equus przewalskii)*, das
selten gewordene und nur noch in Nationalparks lebende süd-
asiatische Panzernashorn *(Rhinoceros unicornis)*, das im Meer
bei Florida lebende Manatee *(Trichechus manatus*, eine Seekuh-
art) und viele Vogel- und Fischarten, die daraufhin untersucht
worden sind.[41]

Man ist daher heute vorsichtiger, wenn man die Bedeutung
geringer genetischer Variation in bedrohten Populationen dis-

kutiert. Gerade der Erholungserfolg des nördlichen See-Elefanten zeigt, dass eine geringe genetische Vielfalt einer Bestandserholung nicht – oder zumindest nicht in absehbarer Zeit – im
Wege stehen muss. Man hat auch gefunden, dass die Fortpflanzung nahe verwandter Individuen, also Inzucht, nicht generell
Überlebensfähigkeit und Angepasstheit an komplexe und variable Umwelt beeinträchtigen muss. Gewisse Arten scheinen
diesbezüglich zwar tatsächlich empfindlich zu sein, andere
aber überhaupt nicht. Auf der Basis von Untersuchungen an der
Taufliege *Drosophila*, dem Modellorganismus tierischer Gene-
tik- und Evolutionsforschung, wurde sogar schon vor längerer
Zeit die Hypothese entwickelt, dass die genetische Vielfalt im
Anschluss an einen «Flaschenhals» zunehmen kann und dass
Merkmalsänderungen und auch Artbildungen durch Flaschen-
halseffekte begünstigt werden könnten.[42] Wir dürfen nicht vergessen, dass ja auch in der Natur die Besiedlung abgelegener
Biotope, z. B. ferner Inseln, vielfach durch Einzeltiere oder
höchstens sehr kleine Gruppen erfolgt ist und sich daran oftmals eine erfolgreiche Artaufspaltung anschloss, wie dies bei
den Darwinfinken auf Galapagos geschehen sein dürfte.

Man misst daher neben der genetischen Variabilität auch anderen Komponenten eine Bedeutung für die Gefahr des Ausster-
bens oder die Chance des Überlebens bei. Insbesondere sind dies
Eigenschaften im Sozialverhalten, im Alters- und Geschlechter-
aufbau (d. h. der Demographie) sowie Umweltfaktoren. So benötigen manche Arten eine bestimmte Mindestdichte an Individuen, um erfolgreich zu brüten. In anderen Fällen mag die
Stochastizität, d. h. die Zufälligkeit der Wirkung von Umweltfaktoren und der Populationsschwankungen, von größerer Bedeutung für das Überleben sein als allein die begrenzte Ausstattung an genetischen Varianten.

Bei Wirbeltieren ist offenbar die Ausprägung der sogenannten MHC-Gene[43] von spezieller Bedeutung, die – vereinfacht
ausgedrückt – für Immunantworten des Körpers auf Krankheitserreger verantwortlich sind und auch das Paarungsverhal-
ten zwischen den Individuen beeinflussen können. Haben zwei
potenzielle Geschlechtspartner verschiedene MHC-Genvarian-

ten, wirkt dies attraktiver, als wenn sie gleichartige haben. Durch solche Mechanismen wird auch in kleinen Populationen die Variabilität tendenziell groß gehalten.

Zuchtprogramme in Zoos und Tierparks und auch zwischen isolierten natürlichen Kleinpopulationen bedrohter Arten basieren zwar zu einem großen Teil darauf, Heterozygotie zu vermehren. Dieser Aspekt stellt aber nur einen von mehreren wesentlichen Kriterien zur effizienten Nachzucht dar.

Individuenzahlen der Populationen und Arten

Auch wenn Populationsstärke und genetische Diversität nicht immer einhergehen und die Überlebenschance bestimmen, so haben individuenreichere Bestände doch insgesamt bessere Ausgangsbedingungen für einen langfristigen Erhalt der Art. Die Tabelle 2 zeigt exemplarisch Bestände und Bestandsentwicklungen, um einen Eindruck für die Größenordnungen und die Fluktuationen zu vermitteln. Es sind sowohl sehr individuenreiche als auch seltene Arten aufgeführt, die teilweise nur noch in Parks vorkommen. Generell neigen Herdentiere zu größeren Individuenzahlen als Einzelgänger. Die Zahlenwerte geben die geschätzten Gesamt-Individuenzahlen wieder, also unbeachtet der Frage, ob sie aus einer oder mehreren Populationen bestehen.

Tabelle 2: Ungefähre globale Bestandszahlen einiger gefährdeter und nicht gefährdeter Säugetierarten nach verschiedenen Quellen. Die Schätzungen sind manchmal ungenau und die Bestandsschwankungen sind teilweise beträchtlich. Es soll nicht vergessen werden, dass einige Arten überhaupt keinerlei frei lebende Tiere mehr aufzuweisen haben (z. B. Przewalski-Pferd) und hier daher nicht aufgeführt sind.

Tierart	Vor-kommen	geschätzter derzeitiger Bestand	Anmerkung
Mensch *Homo sapiens*	überall	6600 Mio.	Stand 2007. Um 1750 erst ca. 800 Mio., 1927 ca. 2000 Mio., 1960 ca. 3000 Mio, 1974 ca. 4000 Mio.
Weißwedelhirsch *Odocoileus virginianus*	Nord-amerika	14 Mio.	vor der europäischen Kolonisation geschätzte 40 Mio., um 1900 nur noch 500 000
Rotes Riesenkänguru *Macropus rufus*	Australien	8 Mio.	Manche Angaben nennen auch deutlich höhere Zahlen.
Sattelrobbe *Phoca groenlandica*	Nord-meere	3,5 Mio.	Die Art ist aus den Medien durch die all-jährlichen Robbenjagd-Meldungen bekannt.
Afrikanischer Elefant, einschl. Waldelefant *Loxodonta africana & Loxodonta cyclotis*	Afrika	500 000	1900 wurden ca. 10 Mio. Elefanten geschätzt, 1970 noch 2 Mio., 1995 noch 540 000
Walross *Odobenus rosmarus*	nördliche Eismeere	215 000	Vom atlantischen Walross gibt es noch ca. 15 000.
Braunbär *Ursus arctos*	nördliche Halbkugel	200 000	einschließlich des nordamerikanischen Grizzlybären
Flusspferd *Hippopotamus amphibius*	Afrika	125 000	1994 noch über 160 000
Gorilla *Gorilla gorilla*	Afrika	110 000	vom Berggorilla nur noch wenige 100 Individuen
Saiga-Antilope *Saiga tatarica*	Zentral-asien	50 000	Noch 1993 lag der Bestand allein in Kasachstan bei über 1 Million!
Löwe *Panthera leo*	Afrika, Asien	30 000	ehem. sehr großes Verbreitungsgebiet
Orang-Utan *Pongo pygmaeus*	Südost-asien	20 000	mehrheitlich auf Borneo (ca. 15 000), daneben auf Sumatra
Blauwal *Balaenoptera musculus*	große Welt-meere	15 000	um 1920 noch ca. 220 000, vorüber-gehend in den 1960er Jahren bei unter 3000
Buckelwal *Megaptera novaeangliae*	große Welt-meere	12 000	vor den großen Walfängen geschätzte 125 000
Spitzmaulnashorn *Diceros bicornis*	Afrika	4000	1960 noch um 100 000, 1970 um 63 000, 1980 noch 14 800. Tiefpunkt war bei 2400, erholt sich jetzt langsam
Panzernashorn *Rhinoceros unicornis*	Indien, Nepal	2100	ehemals und bis zum 15. Jh. geschätzt ca. ½ Mio. Tiere in Südasien
Damagazelle (*Gazella dama*)	Sahara	500	1995 noch ca. 2500 Individuen
Sumatranashorn *Dicerorhinus sumatrensis*	Südost-asien	300	auf Sumatra, Malaysia und Borneo
Javanashorn *Rhinoceros sondaicus*	Südost-asien	60	nur noch 1 Population in W-Java und einige wenige Individuen in Vietnam

Artenvielfalt der Biosphäre
und der Ökosysteme

Die biologische Vielfalt der belebten Erde (der Biosphäre) ist ein Produkt vorangegangener und noch andauernder Evolutionsprozesse. Die Arten sind als Komponenten von Ökosystemen entstanden und leben auch heute in Artennetzen der Ökosysteme. Der Begriff des Ökosystems entstammt einem primär wissenschaftlich-ökologischen Konzept und meint einen definierbaren Ausschnitt aus der Biosphäre, der einen Energiefluss, einen Stoffkreislauf und eine bestimmte Lebensgemeinschaft mit Primärproduzenten und Konsumenten umfasst. Manche Ökosysteme sind diesbezüglich unvollständig (z. B. ohne Primärproduzenten) oder offen und in enger Wechselwirkung mit anderen Systemen, teilweise auch ineinander verschachtelt (z. B. Fließgewässer und umgebende Landschaft).

Für die Biodiversitätsdebatte sind daher vielfach praktikablere Konzepte, wie die der Ökoregionen, Bioregionen und Hotspots, in Gebrauch. Diese umfassen geographisch definierte Einheiten mit ihrer jeweiligen einzigartigen Erscheinungs- und Bedrohungsform. Auf diese Ebene der Biodiversität werden wir später eingehen; wir beginnen mit der Biosphäre im Verlaufe der Erdgeschichte und mit ausgewählten Ökosystemen.

Biodiversitätskrisen vergangener Erdzeitalter

Im Verlauf der Evolution des irdischen Lebens in den letzten 3 bis 4 Milliarden Jahren hat sich die belebte Organismenwelt unserer Biosphäre kontinuierlich gewandelt. Gab es lange Zeit höchstens bakterienähnliche Formen, sind nach derzeitiger Annahme vor etwa 1,4 Milliarden Jahren komplexere Einzeller mit richtigem Zellkern entstanden und vor vielleicht 800 Millionen Jahren erste mehrzellige Organismen. Der Wandel führte im großen Ganzen zu höherer Komplexität der Organismen und vielfältigeren Interaktionen untereinander. Die Anzahl der Gene in den Organismen, die Größe der Genome und genetischen Vielfalt und natürlich auch die Anzahl der Arten haben im Laufe der Erdgeschichte insgesamt zugenommen, wenngleich es für alle diese Aspekte starke Schwankungen gab.

Speziell die Artenvielfalt war von einem Wechsel stärkerer Zunahmen und Abnahmen gekennzeichnet. Ursachen für den verschiedentlichen Rückgang der Biodiversität können irdische Prozesse gewesen sein (z. B. starker Vulkanismus), kosmische Prozesse (z. B. Lauf der Erde um die Sonne oder Einschläge größerer Himmelskörper) und biologische Prozesse (z. B. Entstehen neuer effektiver Krankheitserreger). Informative Fossillagen liegen uns nur für die letzten 500 bis 600 Millionen Jahre aus der Zeit von kurz vor und ab dem Zeitalter des Kambrium (vor 542 bis 488 Millionen Jahren) vor.[44] In dieser Zeit traten Kalk- und Kieselskelette als Hartteile auf und ermöglichten den langfristigen Erhalt als Fossilien und die Bewertung der Biodiversität.

Am Ende des Erdaltertums, genauer des Perms vor 251 Millionen Jahren, starben beispielsweise Trilobiten und Eurypteriden aus, zwei Gruppen großer mariner Gliederfüßler. Im Meer dürften 95 Prozent der marinen Wirbellosen ausgestorben sein; an Land starben rund 75 Prozent der Arten aus.[45] Warum andere Gruppen, wie die Weichtiere (Mollusken), kaum vom Aussterben betroffen waren, ist unbekannt. Als Ursache der Massenextinktion wird vielfach eine über mehrere 100 000 Jahre andauernde heftige Vulkanaktivität angenommen, deren Spuren die Geologen nachweisen können. Die daraus resultierenden schwefelhaltigen Gase dürften Klima und Gewässer stark beeinflusst und auch zu Sauerstoffmangel geführt haben. Eine gänzlich andere Hypothese geht davon aus, dass der entscheidende Auslöser durch eine der kosmisch nur sehr selten auftretenden Gammastrahlungsexplosionen erfolgte, wie sie bei der Geburt der sogenannten Schwarzen Löcher entstehen. Wirklich geklärt ist die Ursache dieser größten bisher bekannten Massenextinktion also nicht.

Im zweiten Fall, am Ende des Erdmittelalters vor 65,5 Millionen Jahren, starben als prominenteste Opfer die großen Dinosaurier aus. Insgesamt könnten rund 50 Prozent aller bekannten Arten und 25 Prozent aller bekannten Familien ausgestorben sein. Allerdings betraf das Ereignis praktisch nur Tiere und hier überwiegend marine Vertreter, soweit man dies aus den Fossilfunden schließen kann. Gerade von den marinen Kleinlebewesen erfuhren manche besonders starke Einbrüche. Zu den damals ausgestorbenen Vertretern größerer Meerestiere gehören die Ammoniten und Belemniten (Tintenfisch-Verwandte), verschiedene Molluskengruppen (z. B. Rudisten) und viele der damaligen marinen Reptilien (Plesiosaurier und Mosasaurier), nicht aber die Krokodile und die Schildkröten. Die prominentesten Opfer auf dem Land waren die großen Dinosaurier und die letzten der ohnehin schon artenarm gewordenen Flugsaurier (Pterosauria) sowie verschiedene frühe Vogelgruppen (Hesperornithiformes). Praktisch unbeeinträchtigt blieben die Pflanzen.

Auch bei diesem allseits bekannten Massenaussterben, dessen Ursache meist auf einen Meteoriteneinschlag und die damit verbundenen Umweltkatastrophen, wie Riesen-Tsunami, Dunkelheit, Kälte, Sauerstoffarmut und Gasfreisetzung, zurückgeführt wird, liegen die Verhältnisse aber nicht so einfach. Bei vielen der genannten Gruppen ging die Mannigfaltigkeit schon zuvor seit vielen Millionen Jahren zurück. So nahm die Vielfalt früher Insektenformen bereits seit der Mittelkreide (vor rund 100 Millionen Jahren) deutlich ab. Auch die Ichthyosaurier sind möglicherweise schon vor dem Einschlagereignis ausgestorben. Mitverantwortliche andere und längerfristig wirksame Ursachen, wie vulkanisch aktive Phasen und klimatische Veränderungen, werden daher ebenfalls diskutiert. Andere Forscher weisen auch darauf hin, dass man für die damalige Zeit auffallende Veränderungen des Meeresspiegelniveaus findet. Wieder andere führen Anzeichen dafür an, dass zwischen etwa 60 und 65,5 Millionen Jahren mehrere Meteoriten auf die Erde niedergegangen zu sein scheinen, wodurch sich die Gesamtwirkungen ebenfalls in die Länge gezogen haben könnten. Auch mögliche Auswirkungen von Änderungen im Erdmagnetfeld sind diskutiert worden. Schließlich sollte man nicht vergessen, dass wir über mögliche rein biologische Interaktionen und Prozesse, wie neuartige Krankheitserreger, geänderte Nahrungskettenbeziehungen und Rückwirkungen geänderter Selektionsbedingungen auf die Genome mancher Organismengruppen, weitgehend nur spekulieren können.

Insgesamt hat es während der letzten 542 Millionen Jahre fünf anerkannte große Extinktionsperioden gegeben, nämlich am Ende des Ordovizium, des Devon, des Perm (s. o.), der Trias und der Kreide (s. o.). Verschiedentlich wurden Hypothesen geäußert, dass die Datenlage der weltweiten Fossilien weitere Massenextinktionen geringeren Ausmaßes nahelege, wobei teilweise regelmäßige Zeitzyklen errechnet wurden, z. B. Zyklen von 26 Millionen oder von 62 oder auch 140 Millionen Jahren,[46] welche teilweise auf Ursachen im Erdinnern, teilweise auf solche im Kosmos zurückgeführt wurden. Eine Periodizität signalisieren auch die Gebirgsbildungsphasen und die größeren Vergletscherungsperioden auf der Erde, die zum Teil ebenfalls in Zyklen dieser Größenordnung auftreten.

Welt der Mikroben – verborgene Vielfalt

Biodiversität wird oft mit Blumenwiesen, artenreichen Dschungeln und tropischen Korallenriffen gleichgesetzt und lässt die Vielfalt der Mikrobenwelt dann oft vergessen. Als Mikroorganismen oder Mikroben bezeichnen wir im Wesentlichen zwei Großgruppen, die eigentlichen Bakterien sowie die Archaeen, die beide keinen echten Zellkern haben und zusammen auch als Prokaryonten bezeichnet werden.[47]

Lange Zeit gab es auf der Erde ausschließlich Prokaryonten. Zahlreiche Formen mit teilweise sehr speziellen biochemischen Fähigkeiten leben auch heute noch an Extremstandorten, wo teilweise Bedingungen herrschen, wie sie für die Frühzeit der Erde charakteristisch waren. Ein Ökosystem allein aus Prokaryonten ist funktionell durchaus möglich, und die frühen Ökosysteme sind während 1 bis 2 Milliarden Jahre damit auch ausgekommen. Ein funktionierendes Ökosystem ohne Prokaryonten ist jedoch undenkbar.

Auch heute dominieren Mikroorganismen in mehrerer Hinsicht die Organismenwelt: Allein an und in einem Insekt oder einer Schnecke stecken Hunderte von Millionen Mikroorganismen. Der in den Organismen dieser Erde festgelegte Stickstoff und Phosphor befindet sich zu schätzungsweise 90 Prozent in Prokaryonten. Die Zahl der auf der Erde vorkommenden Prokaryonten wird auf 1 Quintillion (10^{30}) Zellen geschätzt.

Äußerst vielfältige Stoffwechseltätigkeiten und große Anpassungsvielfalt kennzeichnen die Mikroorganismen. Manche nehmen Kohlenstoff in anorganischer, andere in organischer Form auf. Manche leben nur in Anwesenheit von Sauerstoff, andere nur in sauerstofffreier Umgebung. Mikroorganismen kommen unter Umweltbedingungen vor, die man gemeinhin für unbesiedelbar hält, wie in kochenden Quellen, im Toten Meer, unter Methan- und Schwefelwasserstoffbedingungen, unter dem vier Kilometer dicken antarktischen Eispanzer, im Erdinnern und vielleicht auf einzelnen externen Himmelskörpern wie Asteroiden.

Sie bauen eine Vielzahl chemisch komplexer Moleküle auf und sind in der Lage, resistente Chemikalien unserer Industriegesellschaft abzubauen. Wir profitieren von ihren Fähigkeiten bei der Antibiotikaproduktion ebenso wie beim Ölabbau nach Tankerunfällen. Sie wirken als Verfeinerer in der Küche, wo sie für Sauerkraut, Joghurt und Käse verantwortlich sind, aber auch als Auslöser von Krankheiten. Eindrucksvolle Neuentdeckungen aus der genetisch multifunktionellen Mikroorganismenwelt unserer Umwelt lassen erwarten, dass in der Zukunft noch zahlreiche neue Fähigkeiten bekannt werden. Für die Biotechnologie und Gentechnik sind Mikroorganismen die zentralen Werkzeuge.

Hinsichtlich der Artenvielfalt von Mikroorganismen finden wir erstaunlich niedrige Zahlen, nämlich etwas über 7000 Arten.[48] Allerdings ist die Definition dessen, was eine Art ist, bei Mikroorganismen besonders schwierig. Aus Meerwasserproben werden derzeit Tausende von «Arten» mittels rascher und effizienter Methoden im Freiland detektiert, die fast alle neu sind.[49] Sie sind als sogenannte OTU *(operational taxonomic units)* definiert, d. h. allein durch Sequenzunterschiede definierte natürliche Einheiten. Aufgrund solcher Befunde vermuten manche derzeit die tatsächliche Zahl an Mikroorganismenarten auf der Erde bei mehreren 100 000, vielleicht gar Millionen.

Viele dieser Arten sind in relativ geringer Individuenzahl vertreten, lassen sich nicht kultivieren und würden mit bisherigen Analyseverfahren unentdeckt bleiben. Durch Umweltgenomik (*environmental genomics,* auch Metagenomik genannt) ist es inzwischen möglich, aus einer Gewässerprobe die gesamten für die Proteinproduktion bedeutsamen Gene zu erkennen. In einem solchen Projekt wurden in der Sargassosee 69 000 neue Gene gefunden. Das Metagenom umfasst somit die Summe aller metabolischen Fähigkeiten in einer Umweltprobe (primär der Mikroorganismen) und verspricht in nächster Zukunft stark vertiefte Einsichten hinsichtlich der funktionellen Biodiversität.

Wie viele Arten leben in Ökosystemen?

Wie viele Arten leben simultan in einem mitteleuropäischen Ökosystem? In einem Laubmischwald finden wir leicht mehrere Dutzend Blütenpflanzen, und Spezialisten können die Spuren von über einem Dutzend Säugetierarten schon auf einem überschaubaren Areal entdecken. Im Boden lassen sich unter jedem Quadratmeter mehrere hundert Arten an Insekten und Spinnenartigen (vor allem Milben) feststellen. Wenn wir alle Arten an Pflanzen, Tieren und Mikroorganismen zusammenzählen, kommen wir auf jeden Fall auf etliche tausend Arten für unseren Wald.

Die für das Gebiet Deutschlands erstellten Tierbestimmungstabellen lassen eine beschriebene Gesamtzahl von deutlich über 30 000 Tierarten erkennen. Bei Hinzuzählung der Höheren und Niederen Pflanzen und der Mikroorganismen kommt man leicht auf wenigstens 40 000 Arten.

Auch für die Schweiz kommt man auf rund 32 000 Tierarten, bei Hinzuziehung der pflanzlichen und mikrobiellen Organismen auf wohl 40 000 Arten, wobei die überwiegende Zahl der Arten in den beiden Ländern identisch ist. Trotz kleinerer Landesfläche hat sie durch den Einbezug submediterraner Südalpenbereiche und infolge der starken Strukturgliederung einen ähnlichen hohen Bestand wie die größeren Länder Mitteleuropas. Für Österreich liegt die Zahl in einer ähnlichen Größenordnung. In den Quellen, Flüssen und Seen der Schweiz – und wahrscheinlich ähnlich in Österreich – leben ca. 3 300 Arten.[50] Rund 8 Prozent des Artenbestands des Landes sind Süßwasserorganismen. Angesichts der relativ kleinen Fläche, die die Gewässer im Vergleich zur Gesamtlandesfläche einnehmen (Oberflächengewässer machen in der Schweiz nur 4,1 Prozent der Fläche aus), erscheint dies als überproportional viel. Doch hierbei ist die Gesetzmäßigkeit der Arten-Areal-Kurve zu berücksichtigen, die besagt, dass auf einer Teilfläche stets ein deutlich höherer Artenanteil vorkommt, als dem Flächenanteil entspricht. Auf die trockene Landfläche übertragen, würden dort 4,1 Prozent deutlich über 3 300 Arten aufweisen; die Landfläche ist also nicht artenärmer.

Angesichts der auch bei uns noch zahlreichen unbeschriebenen und kryptischen Arten ist die Annahme, dass vielleicht 100 000 Organismenarten in Mitteleuropa heimisch sind, realistisch, wenngleich nur spekulativ. Hiervon dürften 5000 bis 10 000 in den Binnengewässern leben; einige tausend Arten leben in den Nord- und Ostseeküstengebieten und der große Rest auf dem Festland. Um keine falsche Vorstellung zu haben, sollte man sich vergegenwärtigen, dass die allermeisten dieser Arten extrem unauffällig sind und zum Heer der Insekten oder der Klein- und Kleinstorganismen (Nematoden, Milben, Pilze) gehören. Unter Einbeziehung dieser Gruppen können wir sogar in einer Großstadtagglomeration wie Frankfurt, Zürich oder Wien leicht rund 20 000 Arten erwarten!

Verschiedentlich wird berichtet, dass Biodiversität einzelner Ökosysteme bei uns in den letzten Jahren größer und nicht etwa kleiner geworden sei. Tatsächlich sind die Tier- und Pflanzenwelt Mitteleuropas oder die Fauna und Flora in der Nordsee und sogar die allgegenwärtige Parasitenwelt in den letzten Jahr-

zehnten gemäß den veröffentlichten Artenlisten tendenziell ge-
stiegen und nicht gefallen. Dies resultiert aus der weltweiten
Verschleppung vieler Arten sowie aus der klimabedingten Tem-
peraturerhöhung, die es wärmeliebenden Arten ermöglichen,
neuerdings auch unter mitteleuropäischen Umweltbedingungen
zu leben. Der irdische Bestand an Biodiversität hat dadurch
aber nicht zugenommen, sondern es besteht eher die Gefahr,
dass lokale Arten früher oder später durch die Neuankömm-
linge, die oft durchsetzungsstarke und bereits weit verbreitete
Arten repräsentieren, verdrängt werden.

Artbestimmung durch DNA-Taxonomie und Barcoding

Traditionell wird die Artenvielfalt eines Ökosystems festgestellt,
indem geschulte Feldbiologen und Taxonomen eine möglichst
große Zahl an Arten mit Hilfe der verfügbaren Bestimmungsschlüssel aufspüren und notieren. Je nach zu untersuchender
Organismengruppe wird diese Evaluation durch eine einfache
Begehung möglich, z. B. um Pflanzenbestände zu charakterisieren, oder es sind gezielte Probenahmen nötig, z. B. für Boden-
und Gewässerorganismen. Diese Methoden sind teilweise zeit-
aufwändig und personalintensiv. Hinzu kommt, dass es für viele
Taxa und Gebiete keine adäquaten Bestimmungsschlüssel gibt,
und im Falle der Mikroorganismen ist die Mehrzahl gar
nicht klassisch durch Kultivieren bestimmbar. Soll die Vielfalt
der Algen oder Zuckmückenlarven in einem Gewässer oder die
Vielfalt der Froschfauna der Tropen erforscht werden, so finden
heute zunehmend molekularbiologische Methoden Anwendung.

Solche DNA-basierte Methoden helfen auch aus einem anderen Dilemma heraus: Würden wir in der bisherigen Geschwin-
digkeit der jährlichen Neubeschreibungen von Arten fortfah-
ren – im 20. Jahrhundert kamen auf ein Jahr ungefähr 12 000
bis 13 000 Neuentdeckungen –, hätten wir bei angenommenen
10 Millionen Organismenarten weltweit derzeit noch 640 Jahre
harter Bestimmungsarbeit vor uns, und das bei einer bedrohlich

abnehmenden Zahl traditioneller Spezialisten unter den Taxonomen.

Es gibt auch zunehmend mehr spezifische Fragestellungen: Wenn es darum geht, gezielt nach eingeschleppten Krankheitserregern, Parasiten und invasiven Arten zu suchen, von denen man vielleicht nur Haare, Knochen, Sekrete oder Gewebereste hat, sind Verfahren vorzuziehen, die es auch Nichtspezialisten ermöglichen, eine verlässliche Identifikation vorzunehmen. Dies hilft Zeit und Geld zu sparen. Beide im Folgenden dargestellten Ansätze beruhen auf der Sequenzierung geeigneter DNA-Abschnitte:

Die *DNA-Taxonomie* ermöglicht die Entdeckung und Beschreibung neuer Arten.[51] Die Benutzung von DNA-Sequenzen für taxonomische Zuordnungen ist im Prinzip schon längere Zeit etabliert. Bislang wurden die Sequenzen aber meistens als Zusatzkriterium zur sicheren Artbestimmung gemäß äußerlicher Merkmale verwendet. Man setzte sie vorwiegend dort ein, wo Zweifel an der Zugehörigkeit gefundener Formen zu einer bestimmten Art angebracht waren oder wo man bestimmte Formengruppen nicht mit äußerlichen Merkmalen sicher nach Arten unterscheiden konnte. Es gibt aber Bemühungen, alle bekannten Arten auch molekularbiologisch zu charakterisieren, soweit zur DNA-Sequenzierung verwendbares Material vorliegt. Dabei wird man nicht das ganze Genom sequenzieren (dies wäre ökonomisch nicht vertretbar und ist auch nicht nötig), sondern sich auf geeignete Abschnitte beschränken. Die traditionelle systematische Arbeit, die vielfach in Forschungsmuseen betrieben wird, wird sich hierbei mit den Erfordernissen der DNA-Charakterisierung methodisch und auch bezüglich theoretischer Grundlagen abstimmen müssen.

Das *DNA-Barcoding* ermöglicht die Identifizierung von bereits bekannten Arten mittels eines arttypischen DNA-Fragments durch den Abgleich mit einer bestehenden Datenbank. Das funktioniert ähnlich wie das Barcoding auf Verkaufswaren im Supermarkt, nur dass hier nicht schwarze Streifen, sondern DNA-Basenabfolgen zur Identifizierung dienen.[52] Wenn nun – und die Entwicklung geht in diese Richtung – Sequenziergeräte kleiner und preiswerter werden und vielleicht die handliche Größe einer Fernseh-Fernbedienung erreichen, werden damit in Zukunft sogar im Freiland charakteristische Zuordnungen von DNA-Proben zu konkreten Taxa möglich. Bis zur Etablierung einer auch nur annähernd vollständigen Barcoding-Datenbank ist der Arbeitsaufwand allerdings enorm. Es gibt jedoch Initiativen mit genau diesem Ziel.[53] Für die Fischfauna und für nordamerikanische Vögel wird das Barcoding in naher Zukunft abgeschlossen und grundsätzlich einsetzbar sein.[54]

Hotspots und Ökoregionen –
bedrohte Schatzkammern

Die Bewertung ökologischer Systeme unter dem Gesichtspunkt wertvoller Biodiversität muss Lage und Größe, Repräsentanz für ursprüngliche «Wildnis» und auch das Vorkommen von Endemiten[55] berücksichtigen. Wichtige wissenschaftliche Hilfsmittel dafür sind die Ausweisung der globalen Diversitätszentren, d. h. von Regionen hoher Artenzahl pro Flächeneinheit, wie dies insbesondere für Höhere Pflanzen entwickelt worden ist.[56]

Um die Erforschung und den Schutz der sehr großen Zahl diesbezüglich bedeutsamer Ökosysteme und Erdregionen mit ihren zahlreichen Arten handhabbar und finanzierbar zu machen, sind unterschiedliche Ansätze vorgeschlagen worden, darunter das Hotspot-Konzept. Die US-amerikanische *Conservation-International*-Organisation[57] hat zunächst 25 und inzwischen 34 Biodiversitäts-Hotspots auf Kontinenten, Inseln und im Meer definiert, wo besonders viele endemische oder aus anderen Gründen bemerkenswerte Arten vorkommen und gleichzeitig eine starke Bedrohungssituation vorliegt. Zu diesen Hotspots gehört z. B. Neukaledonien mit einer infolge der erdgeschichtlich langen Isolation höchst sonderbaren Fauna und Flora. Ebenfalls dazu gehört der seit Jahrtausenden dicht besiedelte und bewirtschaftete Mittelmeerraum, wo rund 11 500 nur dort vorkommende (endemische) Pflanzenarten wachsen, viel mehr Arten als beispielsweise im nichtmediterranen Europa.

Ein anderes Konzept ist das der *«Last of the Wild»*-Regionen der in New York ansässigen und primär auf die Tierwelt ausgerichteten *Wildlife Conservation Society*, die die 568 größten und ursprünglichsten Naturregionen der Erde charakterisiert.[58] Ein weiterer Ansatz, der auf den WWF zurückgeht, unterscheidet viele hundert Ökoregionen auf dem Festland, im Süßwasser und im Meer. Als prioritär schützenswert gelten dabei 238 definierte Ökoregionen, die im Rahmen der Initiative «Global 200» aufgelistet werden. Darunter sind 142 terrestrische, 53 Süßwasser- und 43 marine Systeme.

Im Folgenden werden einige Land-, Meeres- und Süßwasserregionen näher charakterisiert.

Tropische Regenwälder

Artenreiche Regionen finden sich vor allem in den Tropen und sind dort wiederum am stärksten in Gebirgszügen ausgeprägt, z. B. in den Andenregionen. Begünstigt durch optimale Klimabedingungen und langfristige Existenz der Regenwälder bei gleichzeitig großer struktureller Vielfalt, hat hier die Evolution die größten Artenzahlen hervorgebracht. Die Zahl der Individuen pro Flächeneinheit ist zwar bei Tier- und Pflanzenarten eher gering, und man sieht keine großen Herden, aber die Anzahl unterschiedlicher Arten ist groß. Viele spezialisierte tierische Konsumenten (z. B. Käfer, Schmetterlinge, Bienen, Zweiflügler, Heuschrecken) haben eine Vielzahl an Reaktionen der Pflanzenwelt hervorgerufen. Gleichsam im Sinne einer konzertierten Aktion ist auf diese Weise eine Coevolution abgelaufen, durch die Pflanzen, Konsumenten, aber auch räuberische und parasitische Arten in großer Zahl entstanden sind und untereinander durch Energieflüsse, Stoffkreisläufe und Informationsaustausch in Beziehung stehen.

Um den Unterschied in der Artenvielfalt zwischen Mitteleuropa und einer tropischen Hotspot-Region beispielhaft zu charakterisieren, seien Zahlenwerte für Peru solchen für Deutschland gegenübergestellt (Tabelle 3). In Peru finden wir bei Säugetieren, Vögeln und Höheren Pflanzen, verglichen mit Deutschland, die fünf- bis siebenfache Artenzahl. Allerdings ist Peru mit 1,3 Millionen Quadratkilometern mehr als dreimal so groß wie Deutschland, doch auch im Vergleich mit einer gleich großen Fläche Westeuropas verbliebe ein deutlich größerer Artenreichtum in diesem südamerikanischen Land.[59] Von den in Peru gefundenen 18 000 Arten Höherer Pflanzen (davon ca. 1000 Farnartigen) kommen etwa 5500 Arten nur gerade in diesem Land vor und bilden somit für dieses Land Endemiten. In Peru dürfte es auch noch deutlich mehr unerkannte Arten geben als bei uns. Insbesondere für viele Insektengruppen und auch andere Kleintiergruppen wird sich dieser Unterschied in Zukunft noch deutlich erhöhen.

Tabelle 3: Artenzahlen in Peru und in Deutschland. Die Artenzahlen gelten für die beiden Länder nur annähernd, da durch Immigration und Verschleppungen sowie Neubeschreibungen fortlaufend Änderungen auftreten.

Gruppe	Arten in Deutschland	davon in Deutschland im Jahre 2006 bedroht *)	Arten in Peru	davon in Peru im Jahre 2006 bedroht *)
Säugetiere	90	10	469	46
Vögel	330	16	1710	98
Reptilien	12	0	365	8
Amphibien	20	0	316	86
Süßwasserfische	70	15	900	8
Höhere Pflanzen (Sprosspflanzen)	2500	12	18000	276

*) Zahlen nach IUCN 2006. Sie beziehen sich auf die Bedrohung im entsprechenden Land, meinen also nicht die weltweite Bedrohung (nur im Falle endemischer Arten bedeutet die Bedrohung im jeweiligen Land zugleich die weltweite Bedrohung). Es muss beachtet werden, dass mit Ausnahme der Vögel und Amphibien nicht alle Arten der jeweiligen Gruppe in die Beurteilung für die Bedrohung aufgenommen wurden und die wirkliche Zahl bedrohter Arten bei den anderen Gruppen damit unbekannt und wahrscheinlich höher ist.

Das größte zusammenhängende Regenwaldgebiet der Erde liegt im *Amazonasbecken* und erstreckt sich über Teile von Brasilien, Surinam, Guayana, Französisch-Guayana, Venezuela, Peru, Bolivien, Ecuador und Kolumbien. Es dürften sich über 40 000 Arten an Höheren Pflanzen in diesem Gebiet finden, von denen etwa 30 000 nirgendwo sonst auf der Welt vorkommen.

Zoologen fanden auf einem einzigen Baum im Amazonas-Urwald 95 unterschiedliche Ameisenarten. Zum Vergleich: In ganz Deutschland gibt es gerade einmal 105 Ameisenarten. Die Hauptbedrohung für den Amazonas-Regenwald und die dortige Artenvielfalt sind der Holzeinschlag und die anschließende agrarische Nutzung des Bodens. Infolge des niedrigen Nährstoffgehalts im Boden bleibt die Muttererde dabei nur über kurze Zeit fruchtbar. Viele und große Flächen sind in den letzten Jahren für den Sojaanbau nutzbar gemacht worden.

Im *Kongobecken*, dem zweitgrößten zusammenhängenden Regenwaldgebiet der Erde (Demokratische Republik Kongo, Republik Kongo, Angola, Kamerun, Äquatorialguinea, Gabun, Sambia, Zentralafrikanische Republik), beherbergen die Regenwälder über 400 Säugetierarten, über 1000 Vogelarten und wahrscheinlich über 10 000 Pflanzenarten. Zu den gefährdeten und auffallenden Arten zählen Gorillas, Schimpansen und Bonobos, Waldelefanten und Waldbüffel, Bongoantilopen und Waldgiraffen. Viele Arten sind endemisch, das heißt, sie leben ausschließlich im Kongobecken.

Das Flusspferd (auch Nilpferd genannt, *Hippopotamus amphibius*) ist im Bestand deutlich zurückgegangen auf derzeit etwa 125 000 Individuen. Allerdings gibt es starke regionale Unterschiede im Bedrohungsstatus: Innerhalb der Demokratischen Republik Kongo sind die um 1994 noch geschätzten 30 000 Individuen auf wohl unter 2000 geschrumpft. Gründe sind unregulierte Jagd auf Fleisch und auf die Stoßzähne als «Nilpferd-Elfenbein». Zahlenmäßig besonders eingebrochen sind in diesem Land aber die Elefanten, die es 1979 auf etwa 376 000 Individuen brachten, 1991 waren es noch 90 000, 1998 noch 24 000. Auch das Zwergflusspferd *(Hexaprotodon liberiensis)*, das nur in Liberia, Sierra Leone, Guinea und in der Elfenbeinküste vorkommt, gilt als bedroht. Insgesamt gibt es von dieser Art noch etwa 3000 Tiere.

Gefährdungen gehen im Kongobecken unter anderem von Bevölkerungsanstieg, Maniokbau für den Export, Wilderei und politischen Unruhen aus.

Im Bereich *Indonesiens, der malaysischen Halbinsel und Neuguineas* liegen weitere artenreiche Regenwälder, die oft als die ältesten Regenwaldgebiete der Erde gelten. Der Tesso-Nilo-Wald in der Provinz Riau auf Sumatra gilt gar als der an Pflanzen artenreichste der Welt. Er ist Heimat für den bedrohten Sumatra-Elefanten und Rückzugsgebiet des Sumatra-Tigers. Als

Leitart der indonesischen Regenwälder gilt der Orang-Utan, der nur noch im Norden von Sumatra und auf Borneo lebt.

Die Bedrohung der biologischen Vielfalt in den Regenwäldern resultiert in erster Linie aus den Lebensraumzerstörungen. Weltweit wird davon ausgegangen, dass die Ausdehnung der tropischen Regenwälder inzwischen auf unter die Hälfte der ursprünglichen Fläche gefallen ist. Allerdings dürfte es kaum noch vom Menschen wirklich unbeeinflusste Primärwälder geben. Nicht nur der Bestand der größeren Tiere dürfte meist zurückgegangen sein, sondern auch die floristische Zusammensetzung unterliegt teilweise Veränderungen. Zu einem großen Teil liegen ohnehin auch nur noch Sekundärwälder vor.[60] Diese stellen vielerorts die dominierenden Waldgesellschaften der Tropenländer dar.

Bei wiederholter Rodung und Nutzung verändert sich die Artenvielfalt noch drastischer. Der Flächen- und Massenverlust durch schon einmalige Rodung beeinflusst das örtliche Nährstoffgleichgewicht durch erleichterte Erosionen, Bodenauslaugungen und auch durch veränderte photosynthetische Assimilationswerte, die letztlich aus den ausgelaugten Böden resultieren.

Rodungen haben auch Auswirkungen auf das regionale Klima, denn die sich über den Regenwäldern ausregnenden Wolken beziehen vielfach um die 50 Prozent des Wassers aus dem Regenwald selbst. Längerfristige Folgen von Entwaldungen sind auch regional verringerte Feuchtigkeiten und damit nachträgliche Beeinflussungen der Biodiversität.

Flachmeer, Kontinentalhang und Tiefsee

Im Meer lebt die größte Vielfalt an unterschiedlichen Organismentypen. Die meisten Stämme des Pflanzen- und Tierreichs kommen zumindest auch im Meer vor, viele sogar ausschließlich hier. Die im Meer nachgewiesene Artenzahl (und auch die vermutete Gesamtartenzahl) bleibt allerdings hinter den tropischen Landregionen zurück, weil dort das Heer der Insektenarten die Gesamtartenzahl in die Höhe treibt.

Wie auf dem Land, so gibt es auch im Meer Regionen mit überdurchschnittlich hoher Artenvielfalt. Zu diesen marinen Hotspot-Regionen gehört der Indopazifik im Bereich Nordostaustraliens, Indonesiens und der Philippinen. Andere Weltozeane, wie der Ostpazifik und der Westatlantik, sind artenärmer. Auffallend wenige Arten werden aus dem Ostatlantik gemeldet.

Besonders artenreiche und faszinierende Bereiche der *Flachsee* (Flachmeere) sind die Korallenriffe. Es sind Ökosysteme höchster Produktivität, obwohl wir hier in der Regel kaum grüne Pflanzen oder Algen zu Gesicht bekommen; auch ist das Wasser von höchster Klarheit. Das rührt daher, dass die hohe organische Produktion in Algenzellen stattfindet, die innerhalb vieler Korallentiere als Symbionten leben und die die mit Hilfe der Lichtenergie hergestellten organischen Verbindungen direkt dem jeweiligen Tierkörper als energiereiche Exkrete zur Verfügung stellen.

In einem größeren Korallenriff leben bis zu 3000 Tierarten, darunter bis zu 1000 Fischarten, 300 Korallenarten und mehrere hundert Seeigel- und Seesternarten. Insgesamt hat man rund 60 000 Organismenarten in den Riffen gefunden; Zehntausende weiterer Arten werden zusätzlich vermutet. An Riffen machen Meeresschildkröten Station, die durch die Ozeane ziehen, im westlichen Pazifik (Australien, Südostasien) sogar Ästuarkrokodile und Dugongs (Seekühe). Oft ziehen ganz dicht Pott- und Buckelwale vorbei.

Von den heutigen Korallenriffen gilt ein Viertel als zerstört; 50 bis 70 Prozent sind in einem kritischen Zustand. Bedroht werden sie durch steigende Temperaturen sowie durch Abernten (Fischen und Entnahmen), durch Eutrophierung, durch mechanische Zerstörung und durch Sedimentation. Letztere entsteht durch erhöhte Sedimentfrachten zufließender Flüsse, die wiederum durch die verstärkte Landerosion hervorgerufen werden.

Die Organismenwelt des *Kontinentalhangs* bis in die Regionen der Tiefsee wird durch den Einsatz immenser Grundschleppnetze bedroht, welche Tiefseefische, wie *Hoplosthetus atlan-*

ticus aus der Gruppe der Schleimköpfe, bedrohen. Sie kommen in Tausenden von Tonnen unter dem kommerziell freundlicheren Namen Granatbarsch auf den häuslichen Teller. Die Beeinträchtigung der Populationsstörung ist gravierender als für Fischarten der wärmeren Oberflächenregionen der Meere, da sie sich aufgrund der niedrigeren Temperatur erst im Alter von rund 20 Jahren reproduzieren. Eine Überfischung kann daher leicht zu grundsätzlichen Bedrohungen der Bestände und der damit verbundenen Nahrungsnetze der Meere führen. Ein nachhaltiges Befischungsmanagement ist schwierig, weil Kenntnisse über biologische Wechselwirkungen aus diesem uns noch kaum bekannten Meeresbereich weitgehend fehlen. Durch die Grundschleppnetzfischerei werden auch Korallentiere und Schwämme der Tiefsee mechanisch zerstört. Deren vermutete Regenerationszeit wird man angesichts der niedrigen Temperaturen mit Hunderten von Jahren ansetzen müssen.[61]

Unterhalb des Kontinentalhangs beginnt die eigentliche Tiefsee. Diese ist über große Flächen hin eben, allerdings unterbrochen von unterseeischen Bergen, Canyons und vulkanisch aktiven Zonen. Die Organismenwelt der Tiefsee besteht hier aus räuberischen und aasfressenden Tieren sowie aus Mikroorganismen. Die Temperatur liegt bei nur wenigen Grad Celsius. Alle Stoffwechselprozesse sind entsprechend langsam und die Wachstumsraten niedrig.

Auf mittelozeanischen Rücken finden sich eigenartige Lebewesen. Unterwasserschlote speien als «Schwarze Raucher» heißes und saures, schwarzes und schwefelwasserstoffhaltiges Wasser in das Ozeantiefenwasser. In dieser vermeintlich lebensfeindlichen Umwelt hat man nicht nur Bakterien, sondern bis zwei Meter lange röhrenbewohnende Bartwürmer (Pogonophoren) gefunden, die weder Mund noch Darm haben, sondern sich durch eingelagerte Bakterien versorgen, welche den aus dem Umgebungswasser stammenden Schwefelwasserstoff für den eigenen Energiestoffwechsel und den Stoffwechsel ihrer Wirtstiere über dessen Blutsystem aufnehmen können. Es gibt ganze Felder solcher Schlote, die viele Quadratkilometer groß sein können. Allerdings sind diese sonderbaren Gemeinschaften nicht übermäßig artenreich. Im Lucky-Strike-Hydrothermal-feld westlich der Azoren in 1700 Meter Wassertiefe leben gut 60 Tierarten, wobei das Feld 150 Quadratkilometer groß ist und 21 Schwarze Raucher enthält. Ein benachbartes Feld ist jüngeren Datums und heißt Menez Gewan. 2002 hat die Regionalregierung der Azoren diese beiden Gebiete als erste Meeresgebiete der Tiefsee zu zukünftigen Schutzgebieten deklariert.

In den großen und ausgedehnten Meeresbecken, die überwiegend in 4000 bis 5000 Meter Tiefe liegen, ist noch kaum direkte Bedrohung festzustellen; es ist aber auch diejenige Erdregion, von der wir die geringsten Kenntnisse bezüglich der Biodiversität haben. Zukünftige Risiken für die Lebensgemeinschaften der Tiefsee stellen die teilweise reichhaltigen Erzvorkommen dar, deren möglicher Abbau geregelt werden muss. Erste Versuche darüber, wie der Abbau von Rohstoffen aus solchen Tiefen bewerkstelligt werden kann, wurden bereits genehmigt. Dieser Abbau dürfte in den nächsten Jahrzehnten infolge verbesserter ozeanischer Abbautechnik möglich und infolge schwindender Gesamtressourcen auch rentabel werden.

Besondere Regionen der Meere sind die zahlreichen *Seeberge* oder *Seamounts*. Es sind Berge oder Gebirge, die sich aus dem Meeresboden zur Oberfläche hin erheben. Im Pazifik zählt man rund 30000 Seeberge mit einer Höhe von über 1000 Metern, im Atlantik rund 1000. Wale, Haie, Thunfische und Kopffüßler versammeln sich um solche Seeberge und ernähren sich von der oft reichhaltigen Nahrungsgrundlage, die sich dort infolge der marinen Unterwasserströmungen ansammelt. Selbst Seevögel halten sich statistisch gesehen häufiger oberhalb dieser Seeberge auf, da sie reichere Nahrungsressourcen vorfinden. Auch der oben erwähnte Granatbarsch findet sich an Seebergen und an unterseeischen Canyons.

Ein Beispiel ist die Galicia-Bank vor der nördlichen Iberischen Halbinsel, die sich aus rund 4000 Meter bis nahe an die Meeresoberfläche erhebt und eine Fläche von rund 6000 Quadratkilometern bedeckt, also etwa so groß ist wie der Schwarzwald oder dreimal so groß wie der Harz, jedoch mit einer Höhe, die den Alpen entspricht. Über diesem hoch aufragenden Seeberg sank im Jahre 2002 ein großer Tanker, der mehrere 10 000 Tonnen Erdöl verlor, womit ein weiterer Gefahrenherd für die marine Artengemeinschaft genannt ist.

Alte Seen und Flusssysteme

Binnengewässer können Hotspots der Biodiversität sein. Artenreich oder von auffallenden Arten bewohnt sind insbesondere Gewässersysteme, die ein hohes Alter aufweisen, da dort über lange Zeit frühe Seitenlinien der Evolution bewahrt werden konnten oder sich eigene evolutive Radiationen (Artenschwärme) etabliert haben. Zu ihnen gehören die sogenannten alten Seen, die weitaus älter sind als unsere postglazialen mitteleuropäischen Seen. Sie liegen in tektonisch abgesenkten Erdregionen. Als ältester See mit eindrücklicher eigener Fauna und Flora gilt der Baikalsee in Sibirien mit einem Alter von über 25 Millionen Jahren.

Auch manche großen Stromgebiete sind als Süßwasserkörper sehr alt, wenngleich sie im Laufe der Zeit teilweise ihren Verlauf, ihr Einzugsgebiet oder gar die Fließrichtung geändert haben, wie das Amazonassystem mit teilweise alten Fischgruppen. Im chinesischen Jangtse (Changjiang) leben spezialisierte Flussdelfine, die sich mit ihrem Sonarsystem in den trüben Flüssen ähnlich wie Fledermäuse in der Luft orientieren können. Sie gelten derzeit (Ende 2006) als möglicherweise ausgestorben. Eine ursprüngliche Knochenfischgruppe, die Mormyridae oder Elefantenfische, lebt im Nil und anderen Flusssystemen Afrikas und hat ein elektromagnetisches Orientierungs- und Kommunikationssystem entwickelt. In Gewässersystemen der Südhalbkugel haben sich die von Vorfahren unserer modernen Knochenfische ableitenden Lungenfische halten können, und zwar in Südamerika, Afrika und Australien.

Besatzmaßnahmen haben in vielen Ländern, sowohl gemäßigten wie tropischen, die Süßwasserwelt drastisch verändert. In den neuseeländischen Gewässern leben heute europäische und nordamerikanische Fische sowie auch andere Fremdorganismen. Die ehemals spezialisierten und teils urtümlichen lokalen Arten sind dagegen weitgehend verschwunden.

Ähnliches gilt für manche der ebenfalls alten Seesysteme Ostafrikas, wie Viktoria-, Tanganjika- und Malawisee, die seit einer halben bis zu mehreren Millionen Jahre existieren. Hier finden sich viele endemische Arten. Charakteristisch ist die auch bei Aquarianern bekannte Fischfamilie der Buntbarsche (Cichlidae), zu denen viele Maulbrüter gehören. Diese Fischgruppe hat im Verlaufe ihrer Existenz ganze Artenschwärme hervorgebracht. Sie sind allerdings seit dem Einsetzen des Nilbarschs *(Lates niloticus)*, eines etwa menschengroßen Raubfisches, stark bedroht. 1962 wurden im Viktoriasee 35 dieser Fische eingesetzt, die aus markttechnischen Gründen in Viktoriabarsche umgetauft wurden. Damit sollte die örtliche Fischerei auf eine stabilere ökonomische Basis gestellt werden, denn die grätenreichen einheimischen Buntbarsche galten kommerziell als wenig lukrativ. Innerhalb nur weniger Jahre haben die Nilbarsche und deren Nachkommen die artenreiche Buntbarschgemeinschaft des Sees radikal dezimiert. Viele der geschätzten ehemals rund 300 bis 400 Arten sind inzwischen ausgestorben, andere äußerst selten geworden. Durch die Nilbarscheinführung, die auch andere Fische im See bedrohte und im Übrigen begleitet wurde durch die Massenvermehrung der aus Südamerika eingeschleppten Wasserhyazinthe *Eichhornia*, hat der Viktoriasee sein biologisches Gesicht innerhalb weniger Jahrzehnte verändert und seine bisherige Biodiversität und Einzigartigkeit zum großen Teil eingebüßt.[62]

Globale Migrationen

Schon durch die Wanderungen des jagenden Steinzeitmenschen sind Pilzsporen, Pflanzensamen und Kopfläuse am Körper oder an Haar oder Fell in neue Regionen verschleppt worden. Besonders drastisch wurden passive und aktive Migrationen vieler Organismenarten, nachdem auch die Landschaft durch Bewirtschaftung stärker umgestaltet worden ist. Besonders seit Ende des 20. Jahrhunderts sind jedoch immer weiter gehende Faunen- und Florenvermischungen aufgefallen und haben auch das weltweite Medieninteresse geweckt. Verschleppungen geschehen durch Ballastwasser in transkontinental verkehrenden Schiffen, durch Freilassen von Aquarien- und Terrarienorganismen, durch Ausbreitung von Zierpflanzen, durch eingeführtes Saatgut, durch Begleitfauna und -flora in und an Produkten ferner Länder oder durch unbeabsichtigte lebende Reisemitbringsel. Auch Ausbreitungen aus Gärten spielen eine Rolle; allein in den botanischen Gärten Deutschlands kommen etwa 3150 nicht-einheimische Gehölzarten vor, die in der Natur Konkurrenten der knapp 200 einheimischen Gehölzarten werden könnten.

Längst nicht alle verschleppten Arten sind am Zielort erfolgreich. Diejenigen, die sich in der neuen Region halten und ausbreiten können, werden invasive Arten genannt. Sie bereichern global gesehen nicht die Biodiversität, sondern vermischen ehemals separierte Faunen und Floren und vermindern letztlich die Vielfalt. Denn unter den erfolgreich kolonisierenden Arten sind besonders viele «Generalisten», die sich gerade in den durch den Menschen gestörten Ökosystemen durchsetzen können, was auf Kosten einheimischer spezialisierter Arten geht. Vernetzte Verkehrswege sowie Klimawandel begünstigen die Besiedlung vielfach.

Mit dem politischen Mandat des Erhalts der Biodiversität ist explizit nicht gemeint, dass die bloße Artenzahl in den ökolo-

gischen Systemen maximiert wird, sondern dass die standort-
typischen Vertreter in möglichst großer ursprünglicher Artenzahl überleben sollen. Es ist diese *native biological diversity*, der
die Schutzbestrebungen gewidmet sind.

Verschleppungen und Invasionen weltweit

In der Nordsee lebt erst seit dem Mittelalter die Sandklaffmuschel *(Mya arenaria)* aus Nordamerika, die vielleicht – so eine
kühne Vermutung – auf die mittelalterlichen Wikingerfahrten
zurückgeht, wo sie als Proviant gedient haben könnte. Daneben
finden sich in der Nordsee aus jüngerer und jüngster Zeit mindestens 35 weitere Arten von pflanzlichen und tierischen Neuankömmlingen, mit am auffallendsten für den Strandwanderer
die Schalen der etwa 16 Zentimeter langen Amerikanischen
Schwertmuschel *(Ensis americanus)* und auch der Pazifischen
Auster *(Crassostrea gigas)*, die sich aus Hydrofarmen ausbrei-
tet. Beim näheren Blick ins Meer begegnen dem Biologen asiatische Algenarten. Aber auch schon direkt über dem Strand auf
der Düne leuchten einem durchsetzungsstarke exotische Kartof-
felrosen und Kaktusmoose entgegen.

Seit 1912 lebt die Chinesische Wollhandkrabbe *(Eriocheir
sinensis)* in deutschen Flüssen, wo sie kaum Feinde hat, Nah-
rungskonkurrent von Fischen ist und Dämme und Flussbauten
untergräbt. Schon in den 1930er Jahren versuchte man, dem
wachsenden und kulinarisch bei uns nicht besonders beliebten
Krabbenheer durch Wegfang von 500 Tonnen (1935) bzw. Ein-
sammeln von 20 Millionen Jungkrabben (1936) Herr zu werden. Den Fischern knabbern sie Köder vom Fischhaken und
verzehren in der Reuse gefangene Fische. Sie sind wanderfreu-
dig, steigen über Fischtreppen und können vorübergehend auch
übers Trockene gehen. Heute sind sie bis in die Schweiz und die
Tschechische Republik verbreitet, wobei sie auch von der gestiegenen Wasserqualität profitieren. Mittlerweile versucht man,
sie für die Energie- und Rohstoffgewinnung (Biogas, Chitosan)
abzuernten. In die deutschen Gewässer gekommen ist die Art
um 1912, vielleicht aus dem damals als deutscher Handels- und

Flottenstützpunkt genutzten ostchinesischen Pachtgebiet von Tsingtau (heute Quingdao).

Im Mittelmeer hat die Eröffnung des Suezkanals 1869 die jahrmillionenalte Trennung von Mittelmeer und Rotem Meer aufgehoben. In kurzer Zeit gelangten über 300 Arten des Roten Meers ins östliche Mittelmeer, interessanterweise kaum welche in die umgekehrte Richtung.

Aus dem großen Meeresaquarium in Monaco ist vermutlich im Jahr 1984 die tropische Grünalge *Caulerpa taxifolia* ins französische Mittelmeer gelangt, wo sie sich anschließend ausbreitete und 1992 auch die Gewässer von Mallorca erreichte. Sie ist wohl per Schiffsanker oder Fischernetze dorthin transportiert worden, denn in größeren Tiefen kann sie aus Lichtmangel nicht gedeihen. In vielen Flachwasserregionen breitete sie sich aber wie ein grüner Teppich aus, verdrängte andere Algen sowie das Seegras und überwucherte die bisherigen Lebensgemeinschaften. Versuche, ihre Ausbreitung durch Ausreißen oder Absaugen einzudämmen, scheiterten kläglich. Sie schien lange keine natürlichen Feinde zu haben, da sie auf potenzielle Konsumenten, z. B. Seeigel, giftig wirkt. In den Jahren nach 2000 hat sie sich allerdings kaum noch ausgebreitet, sondern ging lokal sogar zurück. Offenbar haben sich nun doch Meeresschnecken, die resistent gegen die Giftwirkung sind, als natürliche Fressfeinde etabliert.

Auch auf dem Festland sind Veränderungen durch ortsfremde Arten bedeutsam. Besonders stark von Artenverlust und Artenverfälschung betroffen sind abgelegene ozeanische Inseln, die Tiere und Pflanzen beherbergen, welche den Eindringlingen nicht durch adäquate Abwehrmechanismen standhalten können.[63] So haben die Pflanzen Neuseelands keine Dornen oder Stacheln hervorgebracht, die im Wesentlichen Fressschutzreaktionen gegenüber Säugetieren darstellen, denn von Natur aus hat es nie Säugetiere auf Neuseeland gegeben. Auch die dortige Insektenwelt leidet unter räuberischen Eindringlingen, wie Wespen und Hornissen, die im späten 20. Jahrhundert dorthin gelangt sind.

Die Hawaii-Inseln sind vor etlichen Millionen Jahren entstanden und durch einzelne zufällige Irrgäste wie Vögel und verdriftete andere Tiere und Pflanzen aus den fernen Kontinenten besiedelt worden. Nach Ankunft der Polynesier auf Hawaii um ca. 300 bis 500 n. Chr. wurde die örtliche Vogelwelt, die zuvor keine Säugetiere gekannt hatte, durch menschliche Jagd und eingeschleppte Ratten stark dezimiert. Verstärkt wurde dieser Effekt mit Ankunft der Weißen durch das Einführen von Mangusten, durch eingeschleppte Vogelpocken und Vogelmalaria sowie durch Habitatzerstörung. In den insgesamt etwa 1600 Jahren menschlicher Besiedlung sind die Entenarten, die allesamt flugunfähig waren und ökologisch die Rolle weidender Säugetiere übernommen hatten, ausgestorben. Darüber hinaus verschwanden mehrere Arten flugunfähiger Ibis- und Rallenarten sowie 13 der insgesamt 34 Arten von Kleidervögeln, einer farbenfrohen Unterfamilie der Finken. Von den verbliebenen Kleidervögeln gelten 11 Arten als bedroht. Auch die übrige Fauna und Flora zeigt deutliche Veränderungsspuren.

Auf den durch Charles Darwin so bekannt gewordenen Galapagosinseln ist ein Programm in Angriff genommen worden, Katzen, Hunde, Ziegen, Esel und Schweine zu bekämpfen. Die Ziegen konkurrieren um die Nahrung der drastisch im Bestand zurückgegangenen Riesenschildkröten, und die Schweine zerstören ihre Nester. Hunde jagen die Meeresleguane, Katzen die Erdleguane und Vögel. Interessenkonflikte zwischen der einheimischen Bevölkerung und den für den Schutz zuständigen Instanzen sind die Folge.

Berge – Burgen – Küsten: Neue Gemeinschaften

In unseren mittelhohen Gebirgslagen fallen auf silikatischem Gestein die prächtig blauen Staudenlupinen *(Lupinus polyphyllus)* auf, die auch an Straßenzügen und in Waldlichtungen eindrucksvolle Bestände bilden.[64] Diese attraktive Art wurde 1829 aus den westlichen USA nach Europa eingeführt, wobei sie sich so gut hält, dass bei Ansaaten dominante Bestände entstehen können. Die relativ großwüchsigen, stickstoffbindenden Pflanzen beeinflussen durch Beschattung und Nährstoffanreicherung die

Begleitflora. Ihre Bestände können seltene lokale Arten auf Berg-
wiesen und Borstgrasrasen gefährden; dies wird besonders für
die Hochlagen des Bayerischen und Böhmerwaldes, des Fichtel-
gebirges, des Schwarzwalds und der Rhön berichtet.

In höhere Gebirgsregionen Mitteleuropas können eingeschleppte oder eingeführte Pflanzen aus klimatischen Gründen
meist nicht vordringen, doch hat man dort etliche angepasste
Arten aus forstlichen Gründen eingeführt. Auf den alpinen Wiesen oberhalb der Baumgrenze finden sich fremdländische Pflanzenarten aber selten und wenn, dann in geringer und unbedroh-
licher Zahl.

Zu den im Flach- und Hügelland auffälligen invasiven Pflanzenarten Mitteleuropas gehören die aus Nordamerika stammende Goldrute (Gattung *Solidago*) und der Japanische Stauden-
knöterich *(Fallopia japonica)*. Die nordamerikanische Robinie
oder auch das Drüsige Springkraut *(Impatiens glandulifera)* aus
dem Himalaya können durch Düngungseffekte bzw. Wasserent-
zug aus dem Boden die örtliche Kräuterflora beeinflussen und
verändern.

Auf Felsen und Mauern mittelalterlicher Burgen findet man
viele an die lokale Trockenheit angepasste Pflanzen, die entweder schon mit der beginnenden Sesshaftigkeit zu uns gekommen
sind oder aber erst in der Neuzeit ab ungefähr 1500 n. Chr. (sogenannte Neophyten[65]). Dass sie ehemals nicht zu unserer Flora
gehörten, ist wenigen bewusst. Doch von 371 festgestellten
Pflanzenarten auf den Burgen Süd- und Mitteldeutschlands sind
60 erst im Prozess der Sesshaftwerdung bis spätestens zum Spätmittelalter zu uns gekommen und 30 weitere sind sogar erst
in der Zeit nach dem Jahr 1500 an ihren jetzigen Wuchsort gelangt! Manche waren Nahrungspflanzen oder wurden technisch
verwendet, andere waren Gewürzpflanzen, Medizinalpflanzen,
Zier- oder Zauberpflanzen. Die Besiedlung der Burgenareale ist
die Folge der natürlichen Ausbreitung außerhalb ihres ursprünglichen Anpflanzungsgebiets, darunter auch in den ehemaligen
Burggärten.

Im Dünenbereich der Nordsee tragen eingeführte Pflanzen erheblich zum heutigen Erscheinungsbild bei. Hier finden wir die

aus Ostasien stammende salztolerante und optisch attraktive Kartoffelrose *(Rosa rugosa)* oder das aus der Südhalbkugel der Erde stammende Kaktusmoos *(Campylopus introflexus)*, das seit 1967 in Deutschland und speziell auf den friesischen Inseln vorkommt. Es ist ein einfaches Pioniermoos, das trockene und saure Sandböden erfolgreich und wie ein hellgrünes Tuch besiedeln kann.

Die unter anderem an Küsten Englands vorkommende Schlickgrasart *Spartina maritima* hat mit der um 1816 aus USA eingeschleppten Art *Spartina alternifolia* eine Bastardform gebildet. Dies geschah ungefähr im Jahre 1870, doch war diese neue «Art», die *Spartina townsendii* genannt wurde, steril, bildete also keine keimenden Samen aus. Die Art hatte auch nicht mehr 60 bzw. 62 Chromosomen wie die beiden Vorgängerarten, sondern 61. Um ungefähr 1892 kam es jedoch zu einer Chromosomenverdopplung bei einem Individuum und die daraus spontan entstandene neue Art mit nunmehr 122 Chromosomen war fertil! Solche Verdoppelungen sind in der Evolution der höheren Pflanzen an sich nicht selten, aber hier konnte der Vorgang verfolgt werden und entstand auch noch als Folge der Aktivität des Menschen. Die neue Art wurde *Spartina anglica* oder Englisches Schlickgras genannt, war kräftiger, wurde angepflanzt und breitete sich auch von selber aus. Heute gilt sie als problematische Art, da sie andere Pflanzenarten verdrängt und durch ihre Wuchsform die Nahrungssuche von Watvögeln erschwert.[66]

Erreger – Lästlinge – volkswirtschaftliche Kosten

Große Bedeutung können eingeschleppte Krankheitserreger in der Viehzucht und Landwirtschaft haben. Die nach Europa eingeschleppte Pilzart *Phytophthora infestans* vernichtete in den 1840er Jahren durch die Kartoffelfäule fast die gesamte Kartoffelernte Irlands, führte zum Tod von rund einer Million Iren und zur Auswanderung von weiteren ca. 1,5 Millionen nach Übersee sowie zu großen politischen, gesellschaftlichen und wirtschaftlichen Veränderungen in Großbritannien.

Ein Beispiel aus dem Waldbereich ist die Holländische Ulmen-krankheit, die so heißt, weil sie zuerst in Holland beobach-tet worden war. Verursacher ist ein ostasiatischer Welkepilz, der wahrscheinlich mit Nutzholzladungen nach Europa einge-schleppt worden ist und hier zu großen Einbußen von Feld-Ulme und Berg-Ulme geführt hat. Übertragen wird der Pilz durch den Ulmensplintkäfer. Der Pilz hat zwar nach einiger Zeit seine Aggressivität vermindert, so dass die Schäden jetzt gerin-ger sind. Allerdings hatte er zuvor in manchen europäischen Län-dern zu Verlust und Krankheit bei rund 50 bis 70 Prozent aller Ulmen geführt. Es besteht zwar keine unmittelbare Aussterbe-gefahr für die Ulmen, weil, wie bei Krankheitserregern verbrei-tet, doch nie alle Individuen befallen werden und die Aggressi-vität (Virulenz) des Erregers nach Zeiten starker Virulenz wieder abklingt. Es ist aber ein hoher ökonomischer Verlust eingetreten und es wird auch nach resistenteren Stämmen gesucht.

Auf die große Zahl symbiontischer und auch parasitischer Arten, die natürlicherweise in und auf allen höheren Lebewesen leben, haben wir schon hingewiesen. Bei uns Menschen gehö-ren manche Pilze zu unserer normalen Mikroflora. Nur wenn unser Immunsystem geschwächt ist oder bereits Verletzungen vorliegen, zu der bereits eine leicht rissig-trockene Haut gehö-ren kann, gedeihen sie und führen Krankheitssymptome herbei. Manche Krankheitserreger haben auch ein Populationsreservoir außerhalb ihres Wirts. Kommen wir mit diesem in Kontakt und sind immunologisch geschwächt, oder ist die Kontaktaufnahme durch eine große Zahl aufgenommener Keime sehr intensiv, so kann die Krankheit ausbrechen. Eingeschleppte Tier- und Pflan-zenparasiten können manchmal auch auf nahe verwandte ein-heimische Wirte überspringen und dadurch die lokale Biodiver-sität bedrohen. Hierzu ein Beispiel:

Vor über 100 Jahren begann der Rückgang unseres Edel-krebses in den Flüssen. Er lebt in klaren Flüssen und Bächen, ist aber infolge der Krebspest, verursacht durch einen Wasserschim-melpilz *(Aphanomyces astaci)*, äußerst selten geworden. Dieser Pilz war ab 1860 aus Nordamerika mit eingeführten amerika-nischen Krebsen *(Orconectes limosus* und *Pazifastacus lenius-*

culus) eingeschleppt worden und trat ab 1880 in Mitteleuropa auf. Er dringt über die Gelenkhäute in die Tiere ein. Nach fünf bis zwölf Tagen kann er zum Absterben der Tiere führen, worauf er wieder frei wird und den nächsten Krebs befallen kann. Die eingeführten Krebsarten sind hingegen weitgehend immun gegen den Pilz. Die beabsichtigte «Bereicherung» der europäischen Bachfauna und Biodiversität führte damit in weiten Teilen zu einer Ersatzbesiedlung durch amerikanische Vertreter und zur Verarmung der einheimischen Tierwelt.

In Nordamerika ist die schwarz-weiß gestreifte Tigermücke *(Aedes albopictus)* vermutlich 1985 durch eine Schiffsladung von Autoreifen aus Asien eingeschleppt worden und saugt inzwischen in 20 Bundesstaaten Menschenblut. Ein Aufenthalt im Freien ist nur langärmelig empfehlenswert, aber selbst dann sind die Angriffe schwer abzuwehren. Mückenschutzmittel zum Aufsprühen helfen nur begrenzt. Die Mücke fliegt zudem in aller Stille, also nicht summend wie unsere Stechmücken. Sie ist ausgesprochen stechfreudig, und selten kehrt man ins Haus zurück ohne zahlreiche neue Stiche. Während der heißen Monate ab Mai kann der Aufenthalt in der Bundeshauptstadt Washington zur Tortur werden, weshalb immer mehr Amerikaner den Sommer statt im eigenen Garten in den eigenen vier Wänden verbringen. Die Larven können sich in kleinen Rillen in Gartenmöbeln oder in Blumenuntersetzern entwickeln. Potenziell kann die Mücke auch als Überträger des Denguefiebers fungieren.

Viele weitere Arten führen zu Schäden und Belastungen verschiedener Art. Denken wir an die bei uns eingeschleppten Pharaoameisen, an die Spanische Wegschnecke oder auch an die aus Nordamerika eingeschleppte Beifußambrosie *(Ambrosia artemisiifolia)*. Zu uns gelangt die Beifußambrosie über Parkpflanzenimporte und als Beimengungen in Vogelfutter. Die Pollen dieser Pflanze können ungewöhnlich starke allergische Reaktionen bis hin zu Asthma hervorrufen. Betroffen sind in Deutschland schätzungsweise zwischen 25 000 und 50 000 Patienten jährlich, wobei die ökonomischen Kosten für die deutsche Volkswirtschaft durch Behandlung und Arbeitsausfall auf rund 20 bis 40 Millionen Euro geschätzt werden.[67]

Kulturbedingte biologische Vielfalt

Ohne den gestaltenden und pflegenden, aber auch verändernden bis zerstörenden Eingriff des Menschen in die Landschaft würden wir uns in Urwäldern und Mooren verlieren, würden von morastigen Ufern am Gewässerzugang behindert und die Aussichten von Bergeshöhen vermissen. Veränderungen der Natur sind schon vor der Sesshaftigkeit erfolgt, wurden danach aber durch gezielte Landnutzung zum prägenden Element für die meisten irdischen Landschaften. Die konkrete Ausgestaltung unserer Kulturlandschaft bestimmen heute stark ökonomische und regulative Randbedingungen, wie Weltmarktpreise und EU-Absatzregelungen.

Der hier näher diskutierte Bereich gehört teilweise in den Bereich der Agrobiodiversität. Mit diesem Begriff umschreibt man einerseits die Diversität des eigentlichen agrarischen Bereichs, andererseits auch die Vielfalt der damit verbundenen Randflora und Fauna.

Kulturelle und landschaftliche Vielfalt

Anthropogen gestaltete Landschaften sind stets ein Ausdruck ihrer jeweiligen Zeit. Viele mitteleuropäische Höhenzüge, wie der Harz oder der Taunus, die heute bewaldet sind, waren infolge Holznutzung und Beweidung vom Spätmittelalter bis ins 19. Jahrhundert aus heutiger Sicht erschreckend kahl. Selbst unsere alpine Gebirgswelt ist anthropogen stark umgestaltet worden. Sie ist eine Kulturlandschaft, denn die alpinen Weiden und auch die heutigen Grenzen des Baum- und Waldvorkommens sind direktes oder indirektes Werk des Menschen. Die Viehweiden in unseren Alpen mit den Latschengürteln sind sogar eine stark anthropogen geformte Lebensgemeinschaft. In anderen Erdregionen, etwa den amerikanischen Rocky Mountains, sind diese Zonen nicht in dieser Form ausgebildet und werden auch nicht dementsprechend genutzt.

Andere Landschaften sind sogar vollständig anthropogen, wie die norddeutsche Marschlandschaft, die über große Teile dem Meer abgerungen ist. Auch Bäche, Flüsse und Seen sind bei uns weitgehend künstlich eingedämmt und im Lauf reguliert. Noch teilweise naturnahe Gebirgsflüsse sind der Tiroler Lech in Österreich und der Tagliamento in Norditalien; einen noch relativ frei fließenden Flachlandstrom ohne Staudämme und Schleusen zeigt der Unterlauf der Loire. Der Bodensee ist einer unserer letzten Seen, der keine Abflussregulierung hat und dadurch noch die natürliche Seespiegelschwankung zwischen Sommer und Winter aufweist, die in der Größenordnung des Tidenhubs an der Nordsee ist. Seit Beginn des 21. Jahrhunderts fällt sein mittlerer Seespiegel allerdings merklich.

Kulturlandschaften können bei entsprechend umsichtiger Bewirtschaftung eine reiche und standortgerechte Fauna und Flora beherbergen. Brachen können optische Bereicherungen darstellen, insbesondere wenn sie eine reiche Blumen-Diversität entfalten. Unbearbeitete landwirtschaftliche Flächen profitieren sowohl vom Anflug fremder Samen als auch von den im Boden noch aus früheren Zeiten keimfähig gebliebenen Samen. Diese sind in der Zeit der intensiven Nutzung nicht zum Keimen gekommen, vermehren jetzt aber die Biodiversität doppelt, indem sie zusätzlich auch bestäubende Insekten mit anziehen. In den Brachen findet man öfter Pflanzenarten, die auf den regionalen Roten Listen stehen.

Eine Folge der Bewirtschaftung ist aber auch, dass viele potenzielle Ressourcen des Menschen verloren gehen können. Manche Heilpflanzen, die die alten Ägypter oder Chinesen für ihre jeweilige Medizin in ihren Ländern gesammelt und verwendet haben, sind kaum noch auffindbar. Kulturlandschaften bleiben daher auch Ausdruck der jeweiligen Wertschätzung, die die lokale Bevölkerung und Politik der potenziellen Vielfalt entgegenbringt oder bringen kann.

Diversität der Kulturpflanzen

Es wird geschätzt, dass die Menschheit im Verlaufe ihrer Geschichte bislang rund 7000 Pflanzenarten als Nahrung genutzt
hat. Ihre heutige Ernährungswirtschaft basiert aber zu 90 Prozent auf lediglich gut 100 Arten. Über die Hälfte der Weltge-
treideproduktion entfällt auf nur drei Getreidearten, nämlich
Mais, Reis und Weizen.

Durch Züchtungslinien ist die genetische Vielfalt aller in
Land- und Forstwirtschaft genutzten Pflanzen dahingehend gelenkt worden, unter definierten Haltungsbedingungen maximale
Erträge zu erwirtschaften. Von vielen Getreidepflanzen haben
wir die ursprüngliche Variation der Wildform heute nicht mehr
vorliegen, so dass die Pflanzen neuen Herausforderungen, wie
globaler Erwärmung, Änderung in der UV-Strahlung oder Wi-
derstand gegen neue Krankheitserreger, mit einem eingeschränk-
ten genetischen Inventar gegenüberstehen.

Dass dies nicht nur akademische Gedankenspiele sind, zeigte
sich im Jahre 1970, als die USA rund 15 Prozent ihrer Getreide-
produktion im Wert von rund einer Milliarde Dollar durch
einen Schadpilz verloren, der sich rasch über den Mittleren Wes-
ten ausbreitete. Die genetisch verarmten Getreidepflanzen ermöglichten die rasche Ausbreitung der Pilzart, die in geringer
Dichte stets vorhanden war und ist. Da die Einzelpflanzen praktisch genetisch identisch waren, waren sie auch alle gleich anfäl-
lig. Erst die Einführung neuer Getreidevarietäten mit anderen
Genen erlaubte, die Ausbreitung des Pilzes zu stoppen. Auch
die Zuckerrohrindustrie in den US-amerikanischen Südstaaten
konnte nur durch Einführung eines neuen Gens aus den asiatischen Wildstämmen gerettet werden.

Abgesehen vom Material- und Geldverlust ist auch damit zu
rechnen, dass nicht in jedem Fall rasch ein Alternativgenpool
zur Verfügung steht. Ohne das Einkreuzen neuer Gene in beste-
hende landwirtschaftliche Sorten wäre die Nahrungsgrundlage
durch Seuchen schon weitgehend zum Erliegen gekommen, da
Krankheitserreger auch gegenüber Pestiziden vielfach resistent
geworden sind. Es wird geschätzt, dass weltweit über 400 Er-

reger im Getreideanbau eine Resistenz gegenüber einem oder mehreren Pestiziden entwickelt haben.

Viele Kirschbauern bauen drei Kirschensorten an, damit etwa unvorhergesehener Frost möglichst nur eine oder zwei der Sorten schädigt. Natürlich kostet eine solche Absicherung immer auch Ertrag, ähnlich wie bei einer Vermögenssicherung: Diversität kostet Rendite, ist aber eine zuverlässigere Absicherung, als wenn alles auf eine einzige Einlage gesetzt wird. Allerdings ist die Sortenvielfalt fast überall stark zurückgegangen: Von den insgesamt in der Schweiz registrierten 1069 Apfelsorten sind etwa 100 nirgends mehr auffindbar, etwa 540 sind nur sehr lokal zu finden, nämlich an jeweils weniger als fünf Standorten, und nur 113 gelten als häufig, d. h., sie sind an mehr als 50 Standorten vertreten.[68]

Auch in Afrika und Südamerika sind viele verschiedene Maissorten gleichzeitig in Verwendung, die sich je nach Standort und Klima sowie gegenüber Krankheitserregern unterschiedlich gut eignen. Die Vielfalt der Anbausorten, die sich in manchen ursprünglichen Zivilisationen erhalten hat, ist eine Grundlage für die Beständigkeit im Ertrag. Kulturelle und natürliche Vielfalt und Beständigkeit hängen häufig zusammen. Saatguterhaltung ist daher auch eines der wichtigen Ziele der Biodiversitätskonvention von 1992.

Diversität im Nutztierbereich

Die frühere Rassenvielfalt bei Ziegen, Schafen, Schweinen und Rindern ist monotoner geworden. Soweit es sie überhaupt noch gibt, sieht man manche Rassen eher in einem Tierpark oder bei engagierten Liebhaberzüchtern. In früheren Zeiten sind sie für spezifische Aufgaben selektiert worden.

Wie kam es zu der großen Vielfalt? Nutz- und Haustiere waren auf mannigfache Weise in den landwirtschaftlichen Betrieb eingebunden. Bei Rindern wurde nicht nur die Milch- und Fleischleistung geschätzt; sie mussten auch Wagen und Pflug ziehen. Sie waren standortangepasst beziehungsweise zeichneten sich durch gewünschte Eigenschaften, wie Genügsamkeit,

Langlebigkeit, hohe Fruchtbarkeit, gute Muttereigenschaften, Resistenz gegenüber Krankheiten oder besondere Qualität ihrer Produkte (Milch, Fleisch, Fell) oder Leistungen (Zugkraft) aus. Mit der Mechanisierung der Landwirtschaft setzte eine Spezialisierung ein, die weg von der Vielnutzungsrasse zur Ein- oder Zweinutzungsrasse führte. Die alten, über Generationen und Jahrhunderte gezüchteten Rassen enthielten eine Kombination an Eigenschaften, die der lokalen Eigenheit und Nutzung entsprach. Kulturelle, agrarische und technische Unterschiede der Kulturen förderten die biologische Vielfalt im Bereich der Nutztiere.

Die Kelten hielten vor 2500 Jahren das Torfrind als Viehrasse im Gebiet Süddeutschlands, der Schweiz und Österreichs. Es bildete die genetische Grundlage für spezialisierte Rassen, etwa das in Süddeutschland später verbreitete Original Braunvieh, von dem es heute aber nur noch ca. 410 Tiere gibt. Durch Kreuzung mit Tieren, die die Germanen mitbrachten, entstand auch das relativ kleine, an die alpine Bergwelt angepasste Rätische Grauvieh. Es war bis zum Beginn des 20. Jahrhunderts in und um Graubünden weit verbreitet und wurde dann von milchleistungsbetonterem Braunvieh abgelöst. Lediglich in Tirol konnte sich ein Bestand halten, der zum Ausgangspunkt für eine erneute Vermehrung der Rasse wurde. Es gilt als anpassungsfähiges, langlebiges und fruchtbares Zweinutzrind, indem es optimal sein Futter in Milch und Fleisch umsetzt. Extensive Nutzung steiler Weiden in Bergregionen ist mit dieser Rasse möglich.[69]

In Mitteleuropa hat die Zahl der Nutztierrassen besonders seit Mitte des 20. Jahrhunderts stark abgenommen und viele sind, wenn es sie denn überhaupt noch gibt, vom Aussterben bedroht. Von den im 19. Jahrhundert in Bayern noch lebenden 35 Rinderrassen existieren derzeit noch fünf. In der Schweiz dominieren heute gerade einmal drei Rinder- und zwei Schweinerassen. Das Angler-Sattelschwein, dessen Anteil in Deutschland in der Nachkriegszeit noch bei über 15 Prozent lag, ist heute bis auf wenige Exemplare verschwunden. Das Deutsche Weideschwein ist mittlerweile ausgestorben. Manche Nutztierrassen leben noch in ganz geringer Anzahl, wie das Waldschaf, das Glanrind, das Bunte Bentheimer Schwein oder das Rottaler Pferd.[70] Nach Berichten der FAO[71] gab es bis vor kurzem weltweit rund 5000 Nutztierrassen, von denen jährlich rund 100 aussterben.

In Deutschland stehen über 90 Rassen auf der Roten Liste gefährdeter Nutztierrassen, deren Schutz und Überleben sich seit 1981 die Gesellschaft zur Erhaltung alter und gefährdeter Nutztierrassen e. V. (GEH) widmet. Sie hat im Jahre 1995 das Arche-Hof-Projekt ins Leben gerufen, dem inzwischen über 70 Höfe in Deutschland angehören. Diese betreiben Landwirtschaft im Haupt- oder Nebenerwerb und verstehen sich als Tierhalter, die vom Aussterben bedrohte Nutztierrassen bewusst in ihr Betriebskonzept integrieren und landwirtschaftliche Produkte herstellen. In der Schweiz widmet sich die 1981 gegründete Pro Specie Rara[72] einem ähnlichen Zweck und listet derzeit neun Arche-Höfe auf. Der seit 1986 in Österreich aktive Verein zur Erhaltung gefährdeter Haustierrassen[73] listet 14 Arche-Höfe auf.

Die Rassenvielfalt ist oder war Zeuge der gesellschaftlichen und wirtschaftlichen Vielfalt von früher und stellt dadurch ein Stück Kulturgut dar. Kutschenpferde repräsentieren eine Nutzform, die von etwa 1500 bis 1900 eine Bedeutung hatte, nicht aber davor und auch nicht danach. Die Frage, ob sie «erhaltenswert» sind, liegt also in einem ähnlichen Diskussionsfeld wie die Frage des Erhalts anderer Kulturgüter, wobei Nutztiere aber besonders innig die vielfältige Wechselbeziehung von Natur und Kultur demonstrieren.

Gentechnisch veränderte Organismen

Zunehmend mehr landwirtschaftlich bestellte Flächen der Erde tragen inzwischen gentechnisch veränderte Organismen (GVO, «grüne Gentechnik»). Überwiegend betrifft es derzeit Sojabohnen, Mais, Baumwolle und Raps. In der EU wird der Anbau der GVO nur zurückhaltend genehmigt; als erste Länder beteiligten sich Spanien und Rumänien. In der Schweiz ist der Anbau nicht erlaubt. Als transgenetische Eigenschaften werden bislang nur Herbizid- und Insektizidresistenzen ausgebracht. Zukünftige Eigenschaften können Virus-, Pilz- und Bakterienresistenz, aber auch Salzresistenz und die Verbesserung der Produktqualität beinhalten.

Gentechnisch veränderte Pflanzen sind nicht einfach mit Sorten und Züchtungen oder mit invasiven Arten aus fremden Kontinenten zu vergleichen, denn es werden Eigenschaften implantiert, die durch Zucht oder Einkreuzung wohl nie zustande kommen würden. Dadurch können sowohl kurzfristige neuartige als auch langfristige und unbekannte Effekte auftreten. Zu ökologischen Langzeiteffekten kommt es etwa dadurch, dass sich die veränderten Kulturpflanzen mit den noch nahe verwandten Wildarten kreuzen. Dies ist in Europa insbesondere beim Raps denkbar. Bastardisierte Formen könnten einen Überlebensvorteil erlangen und sowohl nichttransgene Bastarde als auch die Wildformen verdrängen. In den USA liegen entsprechende Befunde bei Sonnenblumen vor.[74] Für den gentechnisch veränderten Bt-Mais sind auch unerwünschte Wirkungen über die Nahrungskette auf Tiere berichtet worden. Bt-Mais ist eine Maisvariante, in die ein Gen des Bodenbakteriums *Bacillus thuringensis* eingeschleust wurde, welches ein Gift produziert, das Schadinsekten abwehrt.

Beide Prozesse – sowohl die Einkreuzung eines Transgens in Wildpopulationen als auch die Wirkung auf Nichtzielorganismen – können das natürliche Arten- und Genspektrum verändern. Als Naturschützer oder politisch Verantwortlicher steckt man im Dilemma: Das Vorsichtsgebot mahnt Zurückhaltung an; ökonomische Zwänge sowie insbesondere die Erkenntnis, dass gentechnisch veränderte Produkte die Landesgrenzen ohnehin leicht überschreiten und mindestens auch zu einem Teil unerkannt in Böden und Lebensmittel gelangen, kann zu der Einstellung führen, dass Verweigerung langfristig nutzlos und ökonomisch nachteilig sei.

Aktive Maßnahmen

Umwelt und Lebensqualität wären inzwischen unerträglich, gäbe es nicht Umweltgesetze, den technischen Umweltschutz und Landschaftsschutz. Ohne lokalen und nationalen Umwelt- und Naturschutz hätten wir schwarz bis gelb rauchende Schlote wie noch in den 1960er Jahren, liefen mit Gasmasken über die Straßen, wie mancherorts in Ostasien, fänden primär Fichten- monokulturen, wie sie der Forstbau lange lehrte, und kanali- sierte Abflussrinnen vor, wie sie die Meliorationsingenieure bau- ten, und besäßen eine Artenvielfalt an Blumen allenfalls noch in unseren Vorgärten. Insekten und Vögel wären selten gewor- den, so wie dies Rachel Carson[75] in ihrem Buch «Der stumme Frühling» aus dem Jahr 1962 für den Fall düster vorausgesagt hatte, dass Pestizide weiter im damaligen Stil verwendet worden wären.

Konkrete Vorschriften, Maßnahmen und Aktivitäten zum Schutze der Biodiversität haben unterschiedliche Motivationen und gehen von unterschiedlichen Institutionen aus. Ausgangs- punkte waren vielfach Natur- und Artenschutzvereinigungen, Wissenschaftsinstitutionen, Aktionen engagierter Gruppen und auch die Einsichten, dass nachhaltiger Schutz der Naturressour- cen auch Biodiversitätsschutz beinhalten muss und letztlich der globalen Chancengleichheit zur Nutzung von Ressourcen und der Wahrung oder Entwicklung von Wohlstand dienen kann. Aber auch Zuchtstationen, zoologische und botanische Gärten, wissenschaftliche Einrichtungen, Museen sowie Reser- vate und Schutzgebiete mit ihren Informationszentren bilden wichtige Standbeine.

Ältere Institutionen und auch viele Einzelpersonen, die sich dem Schutz der Biodiversität (früher noch unter anderer Bezeich- nung) widmeten, verstanden ihre Berufung vielfach aus Natur- liebe, aus lokalen Schutzzielen oder auch aus wissenschaftlichen

Beweggründen. Spätestens seit 1992 wird aber die existentielle Grundlage der Bedeutung von Biodiversität universell erkannt. Daraus sind etliche neue Organisationen und neue Bewegungen entstanden und andere haben sich teilweise umorientiert.

Politik von kommunal bis global

Politische Zuständigkeiten für den Biodiversitätserhalt liegen auf unterschiedlichen Ebenen und in unterschiedlichen Ressorts. Die biologische Vielfalt ist einerseits zentrales Anliegen von Natur- und Landschaftsschutz, wird aber auch von Entscheidungen in Forstwesen, Jagd, Fischerei, Landwirtschaft, Raumplanung und Regionalentwicklung, Energie- und Verkehrswesen, Tourismus und Sport, Wissenschaft und Forschung, Bildung, Gesundheit, Wirtschaft sowie durch internationale wirtschaftliche und technische Zusammenarbeit tangiert und beeinflusst. Daher sind viele Rechtstexte, Regelungen und Absichtserklärungen verstreut verteilt und sollten möglichst auch noch international und global aufeinander abgestimmt sein. Wichtige internationalen Abkommen waren die folgenden:

- Das *Umweltprogramm der Vereinten Nationen* (UNEP) wurde 1972 ins Leben gerufen. Seine Aufgaben liegen im Sammeln und Bewerten globaler, regionaler und nationaler Umweltdaten.
- Das *Washingtoner Artenschutzabkommen* (CITES) von 1976 regelt den Handel mit gefährdeten Pflanzen und Tieren. Es führt unmittelbar bedrohte Arten, deren Handel untersagt ist, und schutzbedürftige Arten auf, deren Handel über Aus- und Einfuhrgenehmigungen geregelt wird. Darüber hinaus enthält es auch einen Passus für länderspezifische Bestimmungen.
- Auf der *UNCED-Konferenz von Rio de Janeiro 1992 (United Nations Conference on Environment and Development)*, oft auch als «Erdgipfel» oder «Rio-Konferenz» bezeichnet, wurden wichtige Meilensteine für den Biodiversitätserhalt erarbeitet, insbesondere die Biodiversitäts-Konvention (s. u.), die Agenda 21 (s. u.), die Klimarahmen-Konvention und die

Wüsten-Konvention. Nachfolgekonferenzen fanden in New York (1997) und Johannesburg (2002) statt.

- Die *Biodiversitäts-Konvention* (CBD) ist ein auf der Rio-Konferenz 1992 proklamiertes Vertragswerk. Die Staaten verpflichteten sich darin, die Biodiversität in ihren eigenen Ländern zu schützen und geeignete Maßnahmen zum Schutz und zur nachhaltigen Nutzung der Biodiversität in Entwicklungsländern zu unterstützen. Weitere Punkte widmen sich der Bildungsförderung, dem Zugang zu Informationen und zu genetischen Ressourcen sowie der Finanzierung der Umsetzung.

- Die *Agenda 21* ist ein Aktionsprogramm für das 21. Jahrhundert, das ebenfalls auf der Rio-Konferenz 1992 proklamiert wurde. Zentraler Inhalt ist die Forderung nach nachhaltiger Entwicklung *(sustainable development)* in den Bereichen Wirtschaft-, Umwelt- und Entwicklungspolitik, die so ausgerichtet werden soll, dass die Bedürfnisse der heutigen Generation befriedigt werden, ohne die Chancen künftiger Generationen einzuschränken. Im Sinne des Mottos «Global denken – lokal handeln» ist jede Verwaltungseinheit (in Deutschland jede Kommune) verpflichtet, sich um die lokale Umsetzung der Agenda zu kümmern.

- 1994 wurde das *TRIPS-Abkommen*[76] unterzeichnet. Hintergrund ist die Beobachtung, dass viele Völker und Nationen einen einfachen Lebensstandard haben und relativ preiswerte Rohmaterialien für den Weltmarkt bereitstellen, aber nicht vom Mehrwert der im Ausland veredelten Güter profitieren. Biologische Ressourcen und ökonomischer Wohlstand sollten daher durch Nachhaltigkeit attraktiv gemacht werden. Das Abkommen regelt konkret handelsbezogene Aspekte der Rechte am geistigen Eigentum, z. B. die Frage der Patentierung von Gütern, die aus fernen Ländern bezogen werden, wie arzneilich wirksame Produkte aus Pflanzen.

- Internationale Leitlinien für das Weltnetz der *Biosphärenreservate* wurden 1995 von der UNESCO erarbeitet. Sie sollen Modellstandorte für Schutz und nachhaltige Entwicklung auf regionaler Ebene sein und dienen insbesondere auch dem Schutz von Landschaften, Ökosystemen, Arten und genetischer Vielfalt. Derzeit gibt es in Deutschland 15, in Österreich 6 und in der Schweiz 2 Biosphärenreservate.

Schutzorganisationen

Biodiversitätsschutz heißt immer auch Schutz von geeignetem Lebensraum. Aus diesem Grunde sind Biodiversitätsschutz-Organisationen stets auch Naturschutzorganisationen. Viele verdanken ihre Entstehung zunächst eingeschränkteren Zielen, welche später, manchmal unter Veränderung der Organisationsbezeichnung, erweitert wurden. Die folgende Auswahl ist exemplarisch und soll keine Wertung beinhalten.

- Die Weltnaturschutzunion *IUCN (International Union for Conservation of Nature and Natural Resources)* wurde 1948[77] gegründet und ist eine internationale Organisation, deren Aufgabe die Koordination des weltweiten Naturschutzes ist. Der IUCN gibt regelmäßig die *IUCN Red List* weltweit bedrohter Arten heraus und betreibt weltweites Monitoring.
- Der internationale *WWF (World Wide Fund For Nature)* wurde 1961 in der Schweiz gegründet; der WWF Deutschland und der WWF Österreich wurden 1963 aktiv. Der WWF stellt ein weltweites Netzwerk in mehr als 100 Ländern dar. Seine Ziele sind, die Biodiversität der Erde zu bewahren, erneuerbare Ressourcen naturverträglich zu nutzen und die Umweltbelastung zu verringern.
- Der *Naturschutzbund Deutschland* (NABU) wurde 1990 als föderal organisierter Verband auf der Basis von Vorgängerinstitutionen gegründet, insbesondere dem 1899 gegründeten Bund für Vogelschutz und seinen Nachfolge- und Landesorganisationen.
- Der *Schweizerische Bund für Naturschutz* (SBN) ist seit 1909 aktiv und hat sich später in Pro Natura umbenannt.[78] Sein erstes und erfolgreiches Großziel war die Gründung eines Nationalparks in der Schweiz (1914 in Graubünden).
- Der *Österreichische Naturschutzbund* wurde 1924 gegründet, beruht aber auf Vorgängerorganisationen, insbesondere

dem 1912 gegründeten Österreichischen Verein Naturschutz-
park und dem 1913 gegründeten Verein für Landeskunde von
Niederösterreich. Er ist in neun Landesgruppen untergliedert
und hat seine Bundesgeschäftsstelle in Salzburg.

• Die *Zoologische Gesellschaft Frankfurt* wurde 1858 gegründet und fördert zahlreiche Maßnahmen zur Erhaltung der
Biodiversität weltweit.

• *EURONATUR* wurde 1987 gegründet, bearbeitet Projekte
auf der Grundlage wissenschaftlicher Erkenntnisse und hat
den Dialog von Umwelt, Wirtschaft und Politik im Blick.

Stärker aufgefächert in die Bereiche Umweltpolitik, Umweltbil-
dung und Umwelttechnik (also ohne primäre Konzentrierung
auf die Biodiversität, diese jedoch mitberücksichtigend) sind
unter anderem:

• Der *Bund für Umwelt und Naturschutz Deutschland* (BUND),
gegründet 1975; er ist föderal in 16 Landesverbänden organi-
siert. Ebenfalls 1975 wurde die *Deutsche Umwelthilfe* (DUH)
gegründet. Eine große staatliche Stiftung ist die 1991 gegründete *Deutsche Bundesstiftung Umwelt* (DBU).

• Vielfach spektakuläre Aktionen veranstaltet die 1971 in Ka-
nada gegründete Organisation *Greenpeace*. Die Auftritte beschränken sich nicht auf Statements und Petitionen, sondern
machen auch durch Aktionen am Ort des Geschehens auf die
Problematik aufmerksam.

Daneben gibt es bei uns und anderswo zahlreiche weitere Einrichtungen, die sich direkt oder indirekt dem Schutz der Biodiversität widmen. Eine große britische Organisation ist die 1889
gegründete *Royal Society for the Protection of Birds* (RSPB),
die sich außer Vögeln auch anderen Aspekten der Biodiversität widmet. In den USA sind der *Sierra Club* (gegr. 1892), die
Wildlife Conservation Society (gegr. 1895) und die *National
Audubon Society* (gegr. 1905) traditionsreiche Umwelt- und
Naturschutzorganisationen. In neuerer Zeit kamen *The Nature
Conservancy* (gegr. 1951) und die *Conservation International*
(gegr. 1987) hinzu.

Wie viele Organisationen sich dem globalen, regionalen oder
lokalen Naturschutz und den Biodiversitätsaspekten widmen,

lässt sich nicht sagen, doch als Anhaltspunkt kann die Zahl der bei der IUCN registrierten Nichtregierungsorganisationen (NGO) dienen, die bei 800 liegt.

Ziele, Aktionen und Kampagnen

Um umwelt- und bildungspolitische Ziele zu erreichen, proklamieren bzw. organisieren verschiedene Veranstalter und Interessengruppen vielfach Aktionen. Die Akteure können internationale oder nationale Institutionen sein oder aber Nichtregierungsorganisationen.

* Genannt worden sind bereits die *Roten Listen*, die von verschiedenen Institutionen als Hilfestellungen für Gemeinden, Bundesländer und Staaten entwickelt werden und örtliche oder regionale Schutzbemühungen unterstützen sollen.

* *DIVERSITAS (International Programme on Biodiversity)* ist ein 1991 durch die UNESCO und andere Organisationen angestoßenes Programm zur Erforschung der Wechselwirkung zwischen Mensch und Biodiversität.

* Ziel der von der EU erlassenen *Flora-Fauna-Habitat-Richtlinie* (FFH-Richtlinie) von 1992 war es, bis zum Jahr 2000 (in der Praxis dauert das Projekt immer noch an) ein System von möglichst zusammenhängenden Schutzgebieten zu schaffen. Die Schutzgebiete nach der FFH-Richtlinie werden unter dem Begriff Natura 2000 zusammengefasst. – Da nicht alle Länder zur EU gehören, ist mit «Smaragd» ein europäisches Netzwerk für gefährdete Tiere, Pflanzen und Lebensräume ins Leben gerufen worden. Ziel ist es, bis Ende des derzeitigen Jahrzehnts genügend Schutzgebiete zu schaffen, um das europäische Naturerbe zu erhalten.

* Aus den Aktivitäten der Biodiversitäts-Konvention und der IUCN resultiert das Programm *Countdown 2010*. Darin ist das Ziel formuliert, durch eine Reihe von Maßnahmen den gegenwärtigen Abwärtstrend der Biodiversität bis 2010 zu stoppen.

* Jeweils im Mai wird von der CBD der *Internationale Tag der Biodiversität* unter einem wechselnden Motto ausgerufen.

Die einzelnen Staaten sind aufgerufen, spezifische Aktivitäten durchzuführen. Unter dem Patronat einer Zeitschrift dieses Titels findet jeweils im Juni in Deutschland der GEO-Tag der Artenvielfalt statt, mit dem Ziel, auf die Artenvielfalt «vor der eigenen Haustür» aufmerksam zu machen.

• In verschiedenen Ländern wurden oder werden nationale Biodiversitätsstrategien erarbeitet (auch Deutschland, Österreich, Schweiz).

Gegenwart und Zukunft

Was haben die vielfältigen Bemühungen auf lokaler und globaler Ebene gebracht? Sie haben sensibilisiert, Denkanstöße vermittelt und reale Erfolge aufzuweisen. Zahlreiche Arten wären ohne die Bemühungen in den vergangenen Jahrzehnten ausgestorben und die genetische Vielfalt in der Natur und im Agrarsektor wäre stärker zurückgegangen. Wenn von fast keinem populären Organismus mehr das definitive Aussterben vermeldet werden musste, ist dies der Erfolg dieser vielschichtigen Kraftanstrengung, auch wenn manche Arten nur noch in Gehegen überleben. Dennoch sind zahlreiche kleinere Arten für immer verschwunden, wie die früher erwähnten Buntbarsche aus dem Viktoriasee, die besonders drastisch zeigen, wie ein Artensterben auch indirekt durch politisch-ökonomische Maßnahmen ausgelöst werden kann. Natürlich sterben weiterhin auch große Arten aus, was aber vielfach nicht weiter bekannt wird, da es keine plötzlichen Ereignisse sind. So verschwand irgendwann in der 2. Hälfte des 20. Jahrhunderts die 2,5 Meter große Karibische Mönchsrobbe *(Monachus tropicalis)*, die noch in den 1930er Jahren bis Texas vorkam, jedoch von Fischern als Konkurrent betrachtet wurde.

Biologische Umweltziele verlangen eine längerfristige Konzeption als viele technische Umweltziele. Ihr Erfolg zeigt sich häufig erst in fernerer Zukunft. Ein anderer Unterschied zur Umwelttechnik besteht darin, dass ein aufgetretener Verlust an Arten und an Genvielfalt nicht mehr korrigiert werden kann, woraus sich ein besonderer, vorsorgeorientierter Planungsbedarf und die Forderung nach fundiertem Wissen ergeben.

Verbleibende und zukünftige neue Aufgaben umfassen daher die koordinierte Interaktion von Wissenschaft, Schutz und Nachhaltigkeitsbemühung. Die Wechselbeziehungen der belebten Natur sind von hoher Komplexität und teilweise zu wenig erforscht, um effiziente Maßnahmen einzuleiten. Auf der Basis erlangter Erkenntnisse muss weiter Aufklärung geleistet und auch plausibel vermittelt werden, dass ein gleichsam museales Konservieren der Natur, ähnlich einem Bauwerk, grundsätzlich nicht möglich ist. Die biologische Vielfalt ist in beständiger Fortentwicklung und weist Zyklen und Zufallsschwankungen auf, Sukzessionen und evolutive Veränderungen. Sie wirkt teilweise überraschend indirekt über nicht vermutete Wechselwirkungen oder mit hoher Zeitverzögerung. Dies macht nachhaltige Schutzmaßnahmen schwierig, denn Veränderungen von Rahmenbedingungen oder gar stochastische Prozesse wirken dem Sinn starrer Vereinbarungen und Gesetzestexte vielfach entgegen. Letztere müssen daher der Natur entsprechende flexible Komponenten enthalten, um dem Erhalt der Biodiversität optimal dienen zu können.

Auf den nachhaltigen Schutz werden neue Herausforderungen zukommen: Die Veränderung der klimatischen und hydrologischen Umweltbedingungen hat in Europa und in Übersee bereits Arealverschiebungen von Pflanzen, Tieren und auch Krankheitserregern eingeleitet. Ökosysteme werden sich verändern. Dies kann Auswirkungen auf die Planung von Schutzzonen, auf Wirtschaft und Tourismus haben. Da effiziente Maßnahmen mit Langzeitwirkung auf fundierten Daten aufbauen müssen und Wissenschaftler auch vielfach ein Eigeninteresse haben, ihre Erkenntnisse handlungsorientiert umgesetzt zu sehen, müssen die Mechanismen der Verzahnung der Akteure untereinander verstärkt werden.

Viele Rahmenbedingungen werden sich aber weiterhin ändern, so wie dies in der Geschichte stets der Fall war. Beeinflusst von wechselnden geopolitischen Konstellationen und auch neuen Technologien wird es zu Wertewandel kommen.

Strategien zum Erhalt natürlicher Biodiversität müssen daher ein belastbares Nachhaltigkeitskonzept beinhalten, das einerseits den biologischen Besonderheiten der Schutzgüter und andererseits den voraussichtlich variablen Konstellationen des politisch-wirtschaftlich-gesellschaftlichen Umfeldes Rechnung trägt. Zu den derzeitigen Problemfeldern zählen Bevölkerungsanstieg, schwankende Alterszusammensetzungen und Migrationen, instabile ökonomische Entwicklungen, Schwarzhandel und Raubbau sowie Auseinandersetzungen zwischen Nationen und Volksgruppen. Lösungen in diesen Sektoren sind Voraussetzungen, um künftigen Formen von Ressourcenstress zu begegnen, der nicht ausbleiben und Auswirkungen auf die biologische Vielfalt haben wird. Daneben birgt die biologische Vielfalt Perspektiven und Chancen für technologische Innovationen und weitere ökonomische Entwicklungen in den Märkten.

Politische Entscheidungen und Abkommen stellen stets Kompromisse zwischen unterschiedlichen Anforderungen und Sichtweisen sowie zwischen kürzer- und längerfristigen Perspektiven dar. Jede der an solchen Abstimmungsprozessen beteiligten Seite wird versuchen, ihrer Sicht- und Interessenlage Gewicht zu verleihen. Eine breite, um fundierte Argumente zum Gegenstand der Biodiversität bemühte Information sollte daher möglichst viele Menschen erreichen. Der Kampf gegen die Naturentfremdung muss effizient geführt und mit einer Schärfung des Problembewusstseins für Nachhaltigkeit verbunden werden.

Manchmal wird die Regionalisierung als Chance gesehen. Auf dieser Ebene können Maßnahmen und Ziele am ehesten mit Einsichten in den Wert des Erhalts einer Kombination natürlicher, kultureller und historischer Vielfalt einhergehen. Lokale und regionale Aktivitäten können auch wesentliche Grundsteine für ein globales Ziel legen.

Nachhaltige Maßnahmen werden meist nur dann umsetzbar sein, wenn sie langfristig ökonomisch sinnvoll scheinen, was ein zutiefst transdisziplinäres Argumentieren mit Langzeitperspektiven voraussetzt. Dabei muss einem bewusst bleiben, dass keine größere Aktivität und Maßnahme des Menschen ohne irgendwelche Auswirkungen auf die Biodiversität ist, denn Mensch und Natur sind in ihren Prozessen miteinander vernetzt. Hier festzulegen, welche Veränderung als noch verträglich gelten soll und welche nicht, wird eine wesentliche und schwierige Zukunftsaufgabe sein.

Biodiversität als Konzept und Aufgabe ist somit in die Lösung globaler Herausforderungen eingebettet und stellt eine anspruchsvolle und schwierige Aufgabe speziell für unsere eigene Spezies dar. Diese ist durch ihr evolutionsbiologisches Erbe zwar einerseits sehr konfliktfreudig, aber andererseits in Notsituationen auch befähigt, komplexe Probleme gemeinsam anzugehen. Vor dem Hintergrund dieser biologischen Ausgangslage ist eine langfristige Lösung möglich, aber nicht garantiert.

Wir können zukünftige Haltungen und Entwicklungen nicht voraussehen. Bereits Zukunftsprognosen für die nächsten 40 bis 50 Jahre, d. h. bis zur Lebensmitte der heute Neugeborenen, gelten als unmöglich und haben sich in der Vergangenheit meist als falsch erwiesen. Andererseits ist die gleiche Zeitspanne für biologische und ökologische Entwicklungen, etwa die Regeneration von Korallenriffen und Waldformationen, eine äußerst kurze Zeit. Wenn wir eine langfristige Nachhaltigkeit auf der Basis unserer heutigen und künftigen Erkenntnisse aber gar nicht erst ernsthaft zu schaffen versuchen, geben wir biologische Vielfalt und damit wohl auch Lebensqualität künftiger Generationen bereits jetzt verloren.

Anmerkungen

1 Konrad Gesner: 1516–1565. Das Zitat über das Restvorkommen in Litauen entstammt der Reprint-Ausgabe von 1669, die beim Frankfurter Buchdrucker Wilhelm Serlins erschien.

2 In Nordamerika als «passenger pigeon» bekannt, wissenschaftlich *Ectopistes migratorius*.

3 Mit Bauplänen oder Organisationstypen meint man in der biologischen Systematik die rund 30–40 unterschiedlichen Grundkonstruktionen der Organismen, z. B. Bakterien, Gliederfüßler, Rotalgen. Die Unterteilung ist teilweise historisch begründet.

4 E. O. Wilson (1988): Biodiversity. National Academy Press, Washington, D. C.. Edward O. Wilson (* 1929) ist ein US-amerikanischer Biologie, der durch seine Beiträge zur Ameisenbiologie, zur Biogeographie, Soziobiologie und Biodiversität bekannt geworden ist.

5 Offiziell *Convention on Biological Diversity*; deutsche offizielle Bezeichnung «Übereinkommen über die Biologische Vielfalt». Der Text der Konvention kann eingesehen werden unter www.biodiv.org/convention/articles.asp.

6 Das Konzept der nachhaltigen Entwicklung (engl. *sustainable development*) ist seit 1987 durch den Brundtland-Bericht der Weltkommission für Umwelt und Entwicklung zum Gegenstand eines zentralen umweltpolitischen Diskurses geworden.

7 Die vermutete Gesamtzahl der Organismenarten auf der Erde wird unterschiedlich angegeben. Wir gehen bei unserer Modellrechnung von 10(–20) Millionen aus. Nähere Informationen siehe später im Buch.

8 Von deoxyribonucleic acid, die molekulare Grundlage der Erbinformation.

9 Die Herkunft des Erdöls und des Erdgases gilt derzeit als nicht abschließend geklärt. Neben einer mehrheitlich angenommenen biologischen Entstehung, vermutlich durch abgestorbene Meeresorganismen, wird zuweilen auch von einer abiologischen Entstehung durch Freisetzung von im Gestein festgelegten Kohlenstoffverbindungen ausgegangen.

10 Nach Mitteilung des WWF-TRAFFIC-Network.

11 Diese und alle folgenden Zeitangaben in diesem Kapitel sind derzeitige Abschätzungen, die infolge der Lückenhaftigkeit der Fossilien und der Schwierigkeit der richtigen absoluten Altersbestimmung in der Zukunft noch Präzisierungen erfahren werden. Das Ende der Eiszeit wurde früher mit 10 000 vor heute angegeben, doch datiert man es heute infolge

Neukalibrierung der Radiocarbonmethode auf 11 400 bis 11 700 vor heute.

12 Umfassend die San (Buschmänner) und die Khoi Khoi (früher Hottentotten genannt).

13 *Homo neanderthalensis* ist vor 24 000 bis 26 000 Jahren ausgestorben (in den letzten paar Jahrtausenden nur noch südlich der Alpen vorkommend). Mögliche *Homo erectus*-Nachfahren (beschrieben als *Homo floresiensis*) lebten bis vor ca. 12 000 auf der Insel Flores (Indonesien); eine Minderheit von Wissenschaftlern interpretiert die derzeit bekannten Reste allerdings als eine Sonderform des *Homo sapiens*, z. B. in PNAS 103 (2006): 13 421.

14 Politisch heute Haiti und die Dominikanische Republik umfassend.

15 Manchmal auch in die Gattung *Elephas* oder nach neueren DNA-Untersuchungen auch in die Gattung *Mammuthus* gestellt.

16 Ein Passus bei Herodot (Buch VII, 125), wo er das Reißen von Lastkamelen durch ein Löwenrudel im Jahre 480 v. Chr. in Nordgriechenland schildert, könnte sich auf späte Balkan-Höhlenlöwen beziehen. Naturwissenschaftliche Nachweise hierfür gibt es nicht.

17 Ausführliche Daten u. a. in P. S. Martin & R. G. Klein (1984): Quaternary Extinctions – A Prehistoric Revolution. The University of Arizona Press.

18 Argumente z. B. in S. A. Zimov (1995): The American Naturalist 146: 765.

19 Neuere kritische Zusammenstellung z. B. in W. Wroe et al. (2004): Alcheringa 28: 291.

20 K. J. Hundertmark (2003): Journal of Mammalogy 84: 718.

21 Die Lemuren gehören in die Gruppe der «Halbaffen», eine heute nicht mehr aufrechterhaltene systematische Einheit innerhalb der Primaten.

22 Die jüngsten derzeit bekannten Überreste dieser speziellen Art stammen allerdings noch aus der Zeit kurz vor Ankunft der erwähnten südostasiatischen Bevölkerung.

23 Die Samen wurden vom norwegischen Forscher und Abenteurer Thor Heyerdahl (1914–2002) anlässlich seiner Osterinsel-Expedition 1955/56 vom vermutlich letzten Toromiro-Exemplar mitgenommen. Das Wiederansiedlungsprojekt wird von Kew Gardens in London koordiniert.

24 Als Taxon (Mehrzahl Taxa) bezeichnet man in der biologischen Systematik eine beliebige Kategorie, also eine Art, Gattung oder Familie usw. Die Wissenschaft von der konkreten Benennung der Arten, Gattungen usw. ist die Taxonomie.

25 Kryptische Arten sind solche, die äußerlich nicht als eigenständige Arten erkennbar sind. Sie werden heute meist mit Hilfe molekulargenetischer Unterschiede festgestellt.

26 Nominelle Arten sind Artnamen, die teilweise an Formen vergeben wurden, die eigentlich keine eigene neue (valide) Art darstellen. Vgl. weiter unten das Beispiel mit den Fischarten.

27 *International Union for Conservation of Nature and Natural Resources.* Vgl. The IUCN Red List of Threatend Species unter www.redlist. org.

28 Z. B. im Lehrbuch von W. Westheide und R. Rieger (2006): Spezielle Zoologie, Elsevier, 2. Aufl.

29 Zusammenfassung: Monophylie i. e. S. meint also, dass sämtliche Individuen einer Verwandtschaftsgruppe auf eine (meist unbekannte) Ursprungsart zurückzuführen sind und dass diese Verwandtschaftsgruppe zugleich alle Nachkommen umfasst. Solche natürlichen Verwandtschaftsgruppen sind z. B. die Vögel, Säugetiere und modernen Amphibien (Lissamphibia). Bei einer Paraphylie, also einer künstlich zusammengefassten Gruppe, gehen nicht alle Individuen der Gruppe auf die gleiche Ursprungsart zurück oder aber es werden nicht alle heutigen Nachkommen der ehemaligen Ursprungsart umfasst. «Reptilien», «Fische» und «Zweikeimblättrige» sind solche künstlichen Gruppierungen. – Auf die Anführungszeichen für paraphyletische Gruppen werden wir im weiteren Verlauf des Textes wieder verzichten.

30 Nach M. Vences, M. (2005), in: B. A. Huber und K. H. Lampe: African Biodiversity: Molecules, Organisms, Ecosystems. Springer.

31 Nach Daten in M. L. Reaka-Kudla et al. (1997): Biodiversity II. Joseph Henry Press 1997.

32 Bezüglich der hier angegebenen Entdeckungsjahre finden sich manchmal leicht abweichende Zahlen in der Literatur, da der Erstfund im Freiland und die spätere definitiv anerkannte wissenschaftliche Beschreibung mehrere Jahre auseinander liegen können.

33 Nach einer Stelle im Johannes-Evangelium, wonach Jesus den verstorbenen und begrabenen Lazarus wieder auferweckt hat.

34 Aktuelle Daten in http://www.museums.org.za/bio/insects/mantophasmatodea/.

35 European Endangered species Programme (EEP), eine Aktivität der European Association of Zoos and Aquaria (EAZA).

36 Teilweise nach Gautschi, B. (2001): Conservation genetics of the bearded vulture (*Gypaetus barbatus*). Diss. Univ. Zürich.

37 Heterozygotie meint das Auftreten von unterschiedlichen Genausprägungen (Allelen), die vom väterlichen und vom mütterlichen Elternteil stammen. Heterozygotie wird in der Praxis entweder mittels Allozymen (= bestimmte Proteine) oder mittels Mikrosatelliten-Markern (= bestimmte DNA-Regionen) gemessen. Heterozygotie ist nur bei Organismen mit einem doppelten Chromosomensatz definierbar, also z. B. nicht bei Bakterien und manchen Algen.

38 Zwei Zellorganellen, die primär dem Stoffwechsel bzw. der Photosynthese dienen.

39 Genauer ist die «effektive Populationsgröße» entscheidend, nach einem Konzept des US-amerikanischen Genetikers Sewell Wright, der hierzu schon 1931 theoretische Berechnungen entwickelte. Die vielfach zitier-

ten Größen von 50 bzw. 500 entstammen Überlegungen von O. H. Frankel und M. E. Soulé (1981): Conservation and Evolution, Cambridge. Sie haben für den praktischen Artenschutz heute wenig Bedeutung.

40 Z. B. bei *Lysimachia minoricensis*, nach Kozol et al. 1994, und *Cerastium fischerianum*, nach Maki und Horie 1999; beides aus J. Avise (2004).

41 Nach Angaben in J. C. Avise (2004): Molecular markers, natural history, and evolution, Sinauer Associates 2004, 2. Aufl.

42 Nach H. L. Carson (1990): Trends in Ecology and Evolution 5:228.

43 Von «Major Histocompatibility Complex», eine Gruppe von Genen, die bei Wirbeltieren Proteine zur Immunerkennung hervorrufen, z. B. Resistenz gegenüber Viren.

44 In der Untergliederung und Datierung der Erdformationen haben sich in letzter Zeit etliche Veränderungen ergeben. So galt lange Zeit als Beginn des Kambriums die Zeit vor 600 Mio. Jahren; später nahm man den Beginn bei 590–570 Millionen Jahren an, derzeit bei 542 Mio. Jahren.

45 Diese öfter zitierten Zahlen sind mit Vorsicht zu interpretieren. So führen unterschiedlich starke Fossilisierungen von Meer- und Landablagerungen sowie zwischen verschiedenen geologischen Formationen selber auch zu unterschiedlichen Fossilienzahlen und scheinbaren Schwankungen (vgl. A. B. Smith und A. J. McGowan (2005): Cyclicity in the fossil record mirrors rock outcrop area. Biology Letters 1: 443).

46 Nach Berechnungen von D. M. Raup und J. J. Sepkoski in Science 215 (1982): 1501; sowie neuerdings z. B. von R. A. Rohde & R. A. Muller (2005): Nature 434: 208.

47 In einem weiteren Sinne werden unter Mikroorganismen auch Viren sowie manchmal auch sonstige Kleinorganismen, insbesondere Pilze, verstanden. – Archaeen (früher Archaebakterien genannt) unterscheiden sich von Bakterien in einigen grundsätzlichen Strukturen und Funktionen.

48 Bergey's Manual of Systematic Bacteriology aus dem Jahre 2005 unterscheidet 6740 Arten von Bakterien (zugeordnet zu 1227 Gattungen) und 289 Arten von Archaeen (zugeordnet zu 79 Gattungen).

49 Nach M. L. Sogin et al. (2006): PNAS 103: 12115.

50 Zahlen z. T. aus Forum Biodiversität Schweiz (2004): Biodiversität in der Schweiz – Zustand, Erhaltung, Perspektiven. Haupt Verlag, Bern.

51 Z. T. nach D. Tautz et al. (2003): A plea for DNA taxonomy. Trends in Ecology and Evolution 18,2.

52 Z. T. nach D. Steinke und N. Brede (2006): DNA-Barcoding. Taxonomie des 21. Jahrhunderts. Biologie in unserer Zeit 36,1.

53 Consortium for the Barcoding of Life, CBOL, www.barcodinglife.com.

54 Das Barcoding kann dort an Grenzen gelangen, wo eine sehr rasche Evolution vorliegt und morphologische Merkmale klarer und aussagekräftiger sein können als die Barcode-DNA-Charakterisierung (z. B. bei den weiter unten beschriebenen Buntbarschen ostafrikanischer Seen).

55 Endemiten sind Arten (endemische Arten), die ausschließlich in einem definierten Gebiet (z. B. auf den Galapagosinseln) vorkommen, nicht aber außerhalb davon.

56 W. Barthlott et al. (1996): Global distribution of species diversity in vascular plants: Towards a world map of phytodiversity. Erdkunde 50: 317–327; und spätere Arbeiten.

57 Hotspot-Karte zu finden über www.conservation.org.

58 Karte mit den *Last of the Wild areas* sowie Daten darüber zu finden in www.wcs.org.

59 Infolge der schon erwähnten Arten-Areal-Beziehung wächst die Artenzahl längst nicht proportional zur Flächengröße, sondern deutlich langsamer.

60 Primärwälder sind Natur- oder Urwälder (die allerdings praktisch immer auch Einflüsse des Menschen zeigen), Sekundärwälder sind auf ehemaligen Rodungen von selbst wieder entstandene (somit seminatürliche) Wälder mit oft geänderter Artenzusammensetzung.

61 Infolge offensichtlicher Überfischung und der Bedrohung auch anderer Meeresarten sind inzwischen auch für den Granatbarsch Fangbeschränkungen erlassen worden.

62 Diese rezente Biodiversitätskatastrophe und das damit zusammenhängende kommerzielle und soziologische Umfeld thematisiert der mehrfach ausgezeichnete Film «Darwin's Nightmare» (Darwins Alptraum) von Hubert Sauper aus dem Jahre 2004 in ergreifender Weise.

63 Neuere Analysen z. B. in: T. M. Blackburn (2006): Science 305: 1955.

64 Die Beispiele in diesem Kapitel teilweise im Anschluss an J. Kowarik (2003): Biologische Invasionen – Neophyten und Neozoen in Mitteleuropa. Ulmer.

65 Als Neophyten bezeichnet man eingeschleppte oder eingeführte Pflanzen ab dem Zeitpunkt verstärkter weltweiter Schifffahrt, die mit der Entdeckung Amerikas (1492) einsetzte.

66 Nehring, S., Hesse, K.-J. (2006): The common cord-grass *Spartina anglica*: An invasive alien species in the Wadden Sea National Park. Verh. Ges. Ökologie.

67 F. Reinhardt, M. Herle, F. Bastiansen und B. Streit (2003): Ökonomische Folgen der Ausbreitung von Neobiota. 248 S. Umweltbundesamt, Berlin. Forschungsbericht 201 86 211.

68 Quelle: Schweizerische Kommission für die Erhaltung von Kulturpflanzen, Stand 2003.

69 Nach Pro Specie rara, www.psrara.org.

70 Angaben im Wesentlichen aus: Gesellschaft zur Erhaltung alter und gefährdeter Haustierrassen e. V. (GEH), www.g-e-h. de.

71 *Food and Agriculture Organization*, eine 1945 gegründete Organisation der UNO mit Sitz in Rom.

72 Übersicht bei Pro Specie rara: www.psrara.org.

73 Übersicht bei VEGH: www.vegh.at.

74   A. A. Snow et al. (2003): Ecological Applications 13: 279.

75   Rachel L. Carson (1907–1964), amerikanische Biologin. Ihr Buch «The
     Silent Spring» (deutsche Ausgabe: «Der stumme Frühling») initiierte
     die geeinte US-amerikanische Umweltbewegung. In Europa wurde ihre
     Botschaft längere Zeit nicht wahrgenommen.

76   TRIPS steht für *Trade-Related Aspects of Intellectual Property Rights.*
     Es wurde zum Allgemeinen Zoll- und Handelsabkommen (GATT) hin-
     zugefügt.

77   Die Organisation nannte sich ursprünglich *International Union for the
     Protection of Nature* (IUPN) und nahm den heutigen Namen 1956 an.
     Seit etwa 1990 hat sich die inoffizielle Kurzbezeichnung «World Con-
     servation Union» (deutsch: Weltnaturschutzunion) eingebürgert. Der
     Hauptsitz ist in Gland (Westschweiz).

78   Die vollständige Bezeichnung lautet heute *Pro Natura – Schweizerischer
     Bund für Naturschutz.* Sekretariate in den meisten Kantonen, Zentral-
     sekretariat in Basel.

Weiterführende Literatur

Kleine Auswahl weiterführender Literatur zu verschiedenen Aspekten der Biodiversität, soweit diese nicht in den Anmerkungen erwähnt ist; mit Schwerpunkt auf deutschsprachigen Werken.

Aufhammer, W. (2003): Rohstoff Getreide. Ulmer, Stuttgart.

Baur, B., Ewald, K. C., Freyer, B. (2001): Ökologischer Ausgleich und Biodiversität. Birkhäuser, Basel.

Blab, J. (2005): Rote Listen – Barometer der Biodiversität. Entstehungsgeschichte und neuere Entwicklungen in Deutschland, Österreich und der Schweiz 1974–1999. Landwirtschaftsverlag, Münster.

Bottin, S. (2005): Die Einrichtung von Biotopverbundsystemen. Nach den Vorgaben des internationalen, europäischen und bundesdeutschen Naturschutzrechts. Verlag Dr. Kovac, Hamburg.

Czybulka, D. (2005): Wege zu einem wirksamen Naturschutz: Erhaltung der Biodiversität als Querschnittsaufgabe. Nomos, Baden-Baden.

Forum Biodiversität Schweiz (2004): Biodiversität in der Schweiz – Zustand, Erhaltung, Perspektiven. Haupt Verlag, Bern.

Gaston, K. J., Spicer, J. I. (2005): Biodiversity: An Introduction. 2nd ed., Blackwell.

Gottsberger, T., Heckl, F., Leitgeb, M., Pfefferkorn, W. (2006): Vielfalt statt Zwiespalt. Begleitfaden zum Mitgestalten von Lebensräumen – ein Beitrag zur Umsetzung der Biodiversitätskonvention. Logos, Berlin.

Gruttke, H. (2005): Ermittlung der Verantwortlichkeit für die Erhaltung mitteleuropäischer Arten. Landwirtschaftsverlag, Münster.

Held, M. (2005): Nachhaltiges Naturkapital und ökologische Dienstleistungen. Metropolis-Verlag, Marburg.

Hempel, G., Röbbelen, G., Otte, A., Wissel, C. (2001): Biodiversität und Landschaftsnutzung in Mitteleuropa. Nova Acta Leopoldina N. F. Band 87, Nummer 328. Wiss. Verlagsgesellschaft, Stuttgart.

Hengst, D. P. (2004): Die Idee der Diversität. Die Biocultural-Diversity-Debatte. Der Andere Verlag, Tönning.

Hobohm, C. (2000): Biodiversität. Quelle & Meyer, Wiebelsheim.

Hoffmann, A., Hoffmann, S., Weimann, J. (2005): Irrfahrt Biodiversität. Eine kritische Sicht auf europäische Biodiversitätspolitik. Metropolis-Verlag, Marburg.

Hutter, C.-P., Flasbarth, J., Weinzierl, H. (2002): Leben braucht Vielfalt. Hirzel, Stuttgart.

Janich, P., Gutmann, M., Prieß, K. (2001): Biodiversität. Wissenschaftliche Grundlagen und gesellschaftliche Relevanz – Wissenschaftsethik und Technikfolgenbeurteilung. Schriftenreihe der Europäischen Akademie zur Erforschung von Folgen wissenschaftlich-technischer Entwicklungen Bad Neuenahr-Ahrweiler GmbH Bd. 10.

Joswig, W., Reichholf, J. H., Küster, H., Vok, H. (2000): Aussterben als ökologisches Phänomen. Laufener Seminarbeiträge 3/00, Bayerische Akademie für Naturschutz und Landschaftspflege.

Kowarik, I. (2003): Biologische Invasionen: Neophyten und Neozoen in Mitteleuropa. Ulmer, Stuttgart.

Lévêque, C., Mounolou, J.-C. (2001): Biodiversité. Dynamique biologique et conservation. Dunod, Paris. *(2003 auch als englischsprachige Ausgabe erschienen)*

Lovejoy, T. E., Hannah, L. (2006): Climate Change and Biodiversity. Yale University Press.

Lößner, M. (2005): Nutzung der Biodiversität. Eine Analyse struktureller Umsetzungsmodelle der CBD. Shaker Verlag, Aachen.

Menzel, S. (2004): Der ökonomische Wert der Erhaltung von Biodiversität. Die Herausforderung seiner empirischen Erfassung zur Abschätzung internationaler Transferzahlungen. Dissertation.de, Berlin.

Palfy, J. (2005): Katastrophen der Erdgeschichte – globales Artensterben? Schweizerbart, Stuttgart.

Pott, R. (2005): Allgemeine Geobotanik. Biogeosysteme und Biodiversität. Springer, Berlin.

Prall, U. (2006): Die genetische Vielfalt der Kulturpflanzen. Das völkerrechtliche Gebot nachhaltiger Nutzung und seine Umsetzung im europäischen und nationalen Recht. Nomos, Baden-Baden.

Roberts, J. P. (2006): Marine Environment Protection and Biodiversity Conservation. Springer, Berlin.

Roller, G., Führ, M. (2006): EG-Umwelthaftungs-Richtlinie und Biodiversität. Landwirtschaftsverlag, Münster.

Scherer-Lorenzen, M., Körner, C., Schulze, E.-D., Scherer-Lorenzen, M. (2004): Forest Diversity and Function. Temperate and Boreal Systems. Springer, Berlin.

Namen- und Sachregister

Agenda 21 104
Agrobiodiversität 96
Allel 59 f, 63
Amazonasbecken 80
Amphibien 13, 44, 80, 115
Antibiotika 72
Archaeen (Archaebakterien) 71, 116
Arktis 13, 45
Art, Arten 15, 40, 47, 50 ff, 69, 72 ff, 105, 114, 116
Artemisin 21
Arten-Areal-Kurve 43, 74, 117
Artenschutz 62, 103
Artenvielfalt 14, 69, 72, 103, 109
Artenzahl 43, 78, 82
Artkonzept 40, 50 f
Arzneimittel 21
Asexuelle Vermehrung 18
Aussterberate 40, 42 f

Bakterien 41, 68, 71, 84, 115
Bär 28, 30 f, 39, 47, 67
Barcoding 75 f, 116
Bastard(-form) 93, 102
Baumkrone 51
Baumwolle 101
Bedecktsamer 44, 49
Bedrohte Arten 40, 43 ff
Beifuß, Einjähriger 21
Bestandserholung 65
Beutellöwe 29
Beutelwolf 42, 47, 57
Bevölkerungsanstieg 81, 111
Biodiversität 9 ff
Biodiversitäts-*Hotspot* 78
Biodiversitäts-Konvention 14, 99, 105

Biologische Vielfalt 19
Bioregion 68
Biosphärenreservat 105 f
Biotechnisch, Biotechnologie 15, 21, 72
Biotopzerstörung 12
Bison 31, 33
Botanische Gärten 22, 88, 103
bottleneck 62
Brache 97
Buntbarsche 87, 109, 116

Carson, Rachel 103, 117
Caulerpa (Alge) 90
CBD 105, 108
CITES 104
CO_2 19
Coevolution 79
Conference of the Parties 14
Countdown 2010 108

Delfin 56, 86
Dingo 30
Dinosaurier 12, 49, 70
DIVERSITAS 108
Diversitätszentren 78
DNA 17, 41 ff, 54, 57, 59, 61 f, 75 ff, 115 f
DNA-Taxonomie 75 f
Domestizierung 37
Dromedar 38
Dronte 36
Drosophila 65

Einkeimblättrige 49
Einzeller 68
Eisbär 45
Eiszeit 28, 33, 113

Elch 33 f
Elefant 53, 57, 67, 81
Elefantenvogel 35, 39
Endemit 78, 116
Energie, -fluss 19 f, 79
Entwaldung 35
Erbgut, Erbinformation 17 f
Erdbevölkerung 12
Erdmittelalter 49, 70
Erwärmung, globale (s. auch
    Klima) 98
Evolution 13, 68, 79, 86, 93, 112
Extinktion (Aussterben) 39, 69, 71

FFH-Richtlinie 108
Finanzströme 24
Fische 44 f, 50, 64, 77, 80, 83 f,
    86, 115
Fitness 63 f
Flachsee 83
Flaschenhals (genetischer) 63 ff
Flechten 44 f
Flora 15
Flora-Fauna-Habitatrichtlinie 108
Flusspferd 35, 45, 67, 81
Fossil 42, 69 f, 116
Frosch, Frösche 51, 55, 75
Fußabdruck, ökologischer 23 f

Galapagosinseln 91
Gattung 41, 47, 114, 116
Gebirge 71, 79, 92, 96 f
Geier 60 f
Genaustausch, horizontaler 41
Gene 13, 58, 61 f, 69, 73, 98
Genetische Verarmung 62 f
Genetische Vielfalt (Diversität,
    Variabilität) 14, 59 ff, 63, 65 f,
    69, 98, 105, 108
Genom 58, 73, 76
Genressourcen (genetische
    Ressourcen) 14, 26
Gentechnik, gentechnisch 15 f, 72,
    101 f
Gepard 64

Geschwister 18
Gesellschaftlicher Wert 22
Gesner, Konrad 10, 113
Gesundheit 15, 22
Getreide 98
Gewürz, -pflanze 19, 37, 92
Gorilla 67, 81
Güter 23
GVO 101

Haare 17, 41, 57, 59 f, 76
Haie 20, 45, 85
Hartmann von Aue 9
Hausrind 10 f, 38
Haustiere 32, 99
Hawaii-Inseln 90
Heilmittel, Heilpflanze 20, 22,
    37, 97
Heterozygotie 62 f, 66, 115
Heyerdahl, Thor 114
Hirsch 31 f, 34, 67
Höhlenbär 28, 30 f, 39
Höhlenlöwe 31, 114
Homo erectus 29
Homo sapiens 9 ff, 19, 28, 31 f
Hotspot (Biodiversitäts-) 78 f, 83,
    86
Humankapital 25
Hunde 30, 35, 48, 91
Hydrofarmen 89

Insekten 44, 51 f, 55, 70, 72 f,
    82, 97
Inseln 13
Invasive Art 13, 76, 88, 92, 102
Inzucht 65
Inzuchtdepression 63
IUCN *Red list* (Rote Liste) 43 f,
    106

Kampagne 109
Känguru 29, 39, 67
Kapital 20, 24 f
Kastanie 37
Klette, Klettverschluss 20

Klima, klimatisch 27 f, 33, 88, 110
Kongobecken 81
Kontinentalhang 83
Kopffüßler 52, 56, 85
Korallen, Korallenriff 71, 83 f, 112
Kot 41
Krankheitserreger 34, 45, 63, 71, 76, 93 f, 98, 99
Krüger-Nationalpark 39
Kryptische Arten 43, 74, 114
Kuba-Affe 30
Kultur, Kulturgut 19, 101
Kulturlandschaft 37, 96 f
Kulturpflanzen 98, 102

Landschaftsveränderung, -wandel 35, 37
Last-of-the-Wild-Regionen 78, 117
Lazarus-Effekt 53
Lebensgemeinschaft 18 f
Lebensqualität 22, 103
Lemuren 35 f, 114
Libellen 16
Lotus-Effekt 20
Löwe 18, 31, 64, 67, 114

Madagaskar, madagassisch 34 f, 51
Mais 101
Malaria 21
Mammut 16, 19, 28, 30 f, 39
Managementmaßnahmen 15
Maniok 81
Markt, Märkte 23 f, 111
Marktwert 25
Massensterben (Massenextinktion) 12, 39, 69
Mastodon 16, 30, 32, 39
Mayr, Ernst 40
Megafauna 31, 33 f
Metagenom, Metagenomik 73
MHC-Gene 65
Migration 88, 111

Mikroorganismen (Mikroben) 71 ff, 75, 84, 116
Moa 16, 35, 39
Monophylie 48, 115
Moor 37, 96

Nachhaltig, Nachhaltigkeit 20, 105, 110, 113
Nacktsamer 44, 49
Nahrungskette 33, 71
Nahrungsmittel, -pflanzen 20, 92
Nashorn 24, 30, 32, 64, 67
Nationalpark 60
Naturbewunderung 22
Naturkapital 25
Naturprodukte, Naturressourcen 20, 22, 25
Naturschutz 104, 106
Neandertaler 29
Neophyten 92, 117
Neubeschreibung 50, 57
Neuentdeckung 56 f
Nilbarsch 87
Nominelle Art 43, 50, 114
Nutzpflanze (Kulturpflanze) 26, 98
Nutztiere 32, 60, 99 f

Ökologie und Ökonomie 23
Ökologische Funktion 11, 32
ökologischer Fußabdruck 23 f
Ökonomie, ökonomisch 23, 94 ff, 102, 111
Ökoregion 68, 78 f
Ökosystem 14, 19, 25, 32, 59, 68, 71, 73, 78, 83, 105
Osterinseln 38, 114
OTU *(operational taxonomic unit)* 73
Overkill 31

Paraphylie 115
Parasiten (s. auch Krankheits-erreger) 74, 76
Patentierung 105
Pestizide 98 f, 103

Pferd 31, 38, 64, 66
Pharmaka, pharmazeutisch 21 f
Pilz, 13, 44 f, 74, 88, 93 ff, 98
Populationsgenetik 62
Populationsgröße, effektive 115
Primärwald 82, 117
Prokaryonten 71 f

Quastenflosser 53

Raps 101 f
Rasse 59, 99 f
Ratte 35, 37, 91
Reaktionsnorm 17
Regenwald 43, 80, 82
Regionalisierung 111
Resistent, Resistenz 94, 100, 102
Ressource 12, 26
Riesenalk 36
Riesenbeuteltier *(Diprotodon)* 39
Riesenfaultier 30
Riesengürteltier 30
Riesenhirsch 31 f, 34
Riesenkalmar 52, 57
Riesenschildkröten 36
Rinder 37 f, 54, 99 f
Rio de Janeiro (Konferenz von)
    7, 14, 104 f
Ripletfolien 20
Robbe, Robbenjagd 67, 109
Rochen 45
Rodrigues-Solitär 36
Rodung 82
Rohstoff, -markt 20, 23
Rote Liste *(red list)* 43, 46, 101,
    108

Saatgut 15, 88, 99
Säbelzahnkatze 30, 39
Sachkapital 25
Saiga-Antilope 67
San (Khoisan) 27 f, 114
Sandklaffmuschel 89
Schildkröten 41 f, 48, 70, 91
Schirmart 32

Schlickgras 40, 93
Schlüsselart 32
Schnecke 56, 72
Schuppenrillen-Haut 20
Schwarze Raucher *(black smokers)*
    84 f
Seamounts 85
See-Elefant 63, 65
Seekuh 16, 36, 64, 83
Sekundärwald 82, 117
Selektion 60, 62, 71
Soja 24, 101
Sorten 60, 99
Stechmücken 95
Stecklinge 18
Stoffwechsel, -kreislauf 17, 72,
    84 f
Strauß 35, 39
Suezkanal 90
Systematik 48

Tauben 10, 36
Taxon (Mz. Taxa) 75, 114
Taxonomie, taxonomisch 41, 48,
    50
Technologie 21, 72, 110
Terminator-Technologie 15
Tiefsee 51, 83 ff
Tierzucht 26
Tiger 39, 81
Toromiro-Baum 38, 114
TRIPS-Abkommen 105, 118
Tsunami 70

Umwelt, -belastung 13, 18
Umweltgenomik 59, 73
UNEP 104
UNESCO 105
Unkräuter 37
Unterart 43
Urweltmammutbaum 53
UV-Strahlung 98

Valide Art 43, 50
Vergletscherung 71

Verkehrswege 12
Versicherung 24
Viktoriasee 87, 109
Vorratsschädling 37

Wal, 55 f, 67, 83, 85
Waldelefant 31
Waldnashorn 30
Walross 67
Wandertaube 10 f, 33
Wettbewerb 23
Wiederentdeckung 41
Wilson, E. O. 12, 113
Wirkstoffe 21
Wisent 10, 31

Wolf 48, 64
Wollhaarmammut 30 f
Wollhandkrabbe 89
Wollnashorn 30, 39
Wright, S. 115
Wüste 13

Ziege 37, 91, 99
Zivilisation 19
Zoologische Gärten (Zoos)
    22, 60, 103
Zuchtbuch, -programm 60, 66
Züchtung 26, 59 f, 98
Zweikeimblättrige 49, 115
Zwergelefant 31

Natur und Umwelt in C. H. Beck Wissen

Natur und Umwelt bei C. H. Beck

Rachel Carson
Der stumme Frühling
Der Öko-Klassiker mit einem Vorwort von Joachim Radkau
Aus dem Amerikanischen von Margaret Auer
2007. 348 Seiten. Paperback
(Beck'sche Reihe Band 144)

Wolfgang Gründinger
Die Energiefalle
Ein Rückblick auf das Erdölzeitalter
2006. 288 Seiten mit zahlreichen Abbildungen
und Tabellen. Paperback
(Beck'sche Reihe Band 1680)

Karl-Heinz Ludwig
Eine kurze Geschichte des Klimas
Von der Entstehung der Erde bis heute
2006. 216 Seiten mit 10 Abbildungen im Text. Paperback
(Beck'sche Reihe Band 1729)

Hansjörg Küster
Das ist Ökologie
Die biologischen Grundlagen unserer Existenz
2005. 208 Seiten. Gebunden

Joachim Radkau
Natur und Macht
Eine Weltgeschichte der Umwelt
2., aktualisierte und erweiterte Auflage. 2002
469 Seiten. Broschiert

Josef H. Reichholf
Die Zukunft der Arten
Neue ökologische Überraschungen
2., durchgesehene Auflage. 2006
237 Seiten mit 36 Abbildungen. Gebunden

C.H.BECK ◼ WISSEN

in der Beck'schen Reihe

Zuletzt erschienen:

2108: Graf, **Der Protestantismus**

2210: Schmalzriedt, **Ravels Klaviermusik**

2212: Voss, **Bachs Konzerte**

2213: Walter, **Haydns Sinfonien**

2318: Schallmayer, **Der Limes**

2362: Jehne, **Die römische Republik**

2364: Schreiner, **Konstantinopel**

2366: Rahmstorf/Schellnhuber, **Der Klimawandel**

2376: Gruber, **Wolfgang Amadeus Mozart**

2385: Heyde, **Geschichte Polens**

2388: Kaufmann, **Martin Luther**

2389: Leitner, **Die Aborigines Australiens**

2391: Bleckmann, **Der Peloponnesische Krieg**

2392: Ehlers, **Die Ritter**

2393: Göhrich, **Die Staufer**

2394: Herbers, **Jakobsweg**

2395: Bossong, **Das Maurische Spanien**

2396: Krumeich, **Jeanne d'Arc**

2397: Laudage, **Die Salier**

2398: Schneidmüller, **Die Kaiser des Mittelalters**

2399: Stollberg-Rilinger, **Das Heilige Römische Reich Deutscher Nation**

2400: Otto, **Mose**

2401: Reinhardt, **Geschichte der Schweiz**

2402: Stackelberg, **Voltaire**

2403: Conermann, **Das Mogulreich**

2404: Weinke, **Die Nürnberger Prozesse**

2405: Sammer, **Mutter Teresa**

2406: Konrad, **Geschichte der Schule**

2407: Kolb, **Das antike Rom**

2409: Junker, **Die Evolution des Menschen**

2410: Herrmann, **Das Weltall**

2411: Bergdolt, **Die Pest**

2413: Benz, **Die Protokolle der Weisen von Zion**

2414: Kamp, **Burgund**

2415: Leppin, **Die christliche Mystik**

2416: Schuh, **Biowetter**

2417: Streit, **Was ist Biodiversität?**

2420: Kaiser, **Föderalismus**

2502: Thürlemann, **Rogier van der Weyden**

2504: Büttner, **Peter Paul Rubens**

2506: Adriani, **Paul Cézanne**

2551: Hölscher, **Die griechische Kunst**

2552: Zanker, **Die römische Kunst**

2556: Tönnesmann, **Die Kunst der Renaissance**

2601: Weber/Wehling, **Geschichte Baden-Württembergs**

2606: Krieger, **Geschichte Hamburgs**

2607: Kroll, **Geschichte Hessens**

2615: Bohn, **Geschichte Schleswig-Holsteins**